广东食材广东味

李睦明　著

羊城晚报出版社
·广州·

图书在版编目（CIP）数据

广东食材广东味/ 李睦明著. —广州：羊城晚报出版社，2014.7

ISBN 978-7-5543-0108-1

Ⅰ.①广… Ⅱ. ①李… Ⅲ.①粤菜—菜谱
Ⅳ.①TS972.182.65

中国版本图书馆CIP数据核字（2014）第108310号

部分菜式制作 曾志坚

图片提供 曾志坚 陈晓远 刘继东 张博杰 张艺 Terry

广东食材广东味
Guangdong Shicai Guangdong Wei

策划编辑 高 玲
责任编辑 高 玲 王 瑾
封面设计 朱冠民
装帧设计 友间文化
责任技编 张广生
责任校对 麦丽芬 雷小留
出版发行 羊城晚报出版社（广州市东风东路733号 邮编：510085）
网址：www.ycwb-press.com
发行部电话：（020）87133824
出 版 人 吴 江
经 销 广东新华发行集团股份有限公司
印 刷 佛山市浩文彩色印刷有限公司
规 格 787毫米×1092毫米 1/16 印张10 字数180千
版 次 2014年7月第1版 2014年7月第1次印刷
书 号 ISBN 978-7-5543-0108-1/TS·69
定 价 29.80元

广东

味道

C O N T E N T S

目录

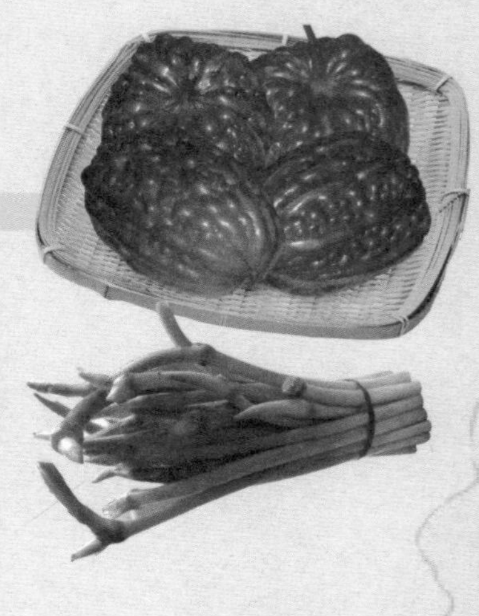

果蔬篇 Guo Shu Pian

干货篇 Gan Huo Pian

豆制品篇 Dou Zhi Pin Pian

禽畜篇 Qin Chu Pian

鱼篇 Yu Pian

水产篇 Shui Chan Pian

腊味篇 La Wei Pian

自　然　的　馈　赠

清新之味，天然佳品

果蔬篇

GuoShu Pian

“乡”味十足
——乐昌马蹄

时近年末，各种冬季特色食材纷纷上市为市民所享用，诸如京塘莲藕、火山无渣粉、乐昌张溪炮弹芋头等，不一而足。讲起乐昌，除了张溪炮弹芋头外，还有大瑶山香米、沿溪山白毛茶等特产颇负盛名，当然少不了“乡”味十足的乐昌马蹄。

讲起马蹄，大家都耳熟能详，在北方又叫荸荠，既可作水果鲜食，又可作菜熟食，而且营养丰富。马蹄有较高的蛋白质，含维生素C、淀粉、糖类等多种营养成分。在中医典籍中亦早有记载，称马蹄具有清热解毒，生津止渴，润肺化痰，明目退翳的药用价值。而乐昌马蹄更是“家族”中的代表，它皮红肉白、个头比一般马蹄稍大，味甜多汁、肉嫩无渣。据村民介绍，自古便有“地下雪梨”之美誉。

乐昌已有近百年的马蹄种植历史，素有“中国马蹄之乡”的称誉，其中以北乡镇出产的尤为佳品。据当地村民介绍，乐昌北乡马蹄之所以品质比其他马蹄要好，这与其得天独厚的环境是密不可分的。乐昌位于粤北边陲，属亚热带季风气候区，光、热、雨资源丰富，这里秋冬季节日照光线强，昼夜温差大，因为入秋之后，开始结马蹄，夜间温度要低冷，马蹄才能结得够爽甜。这里三面环山，其河流源于西坑山泉水，用水质清甜的山泉水灌溉的马蹄自然特别甘甜；北乡垌是一片盆地，水田上面有一层15～20厘米厚灰黑肥沃的泥土，下面是黄色沙土， 是马蹄最适宜生长的土壤，因此结出来的马蹄个头大。每年的冬末春初是马蹄上市季节，乐昌马蹄产品成行成市，形成长达1公里多的“马蹄街”，众多的外地游客、商家纷纷涌来，把“马蹄街”围得水泄不通。乐昌马蹄除少量在本地区销售外，大部分销往外省、市，在港澳市场也享有盛誉。

广东人素有“食精”的称谓，笔者也不例外。在村民那里收到料，说冬至至小寒期间，马蹄糖分含量最高，要品食这乐昌马蹄，现在正是最好的时节。

当地销售价约为5元一斤，而在广州一些专卖粤北食材的山货店便有得出售。

菜谱

①

1. 粟米马蹄萝卜煲脊骨

将粟米洗干净后切段，红萝卜去皮切块。马蹄去皮洗净，然后猪脊骨洗净，用刀背敲裂，接着放入锅里“飞水”，最后把切好的粟米、红萝卜和马蹄一起放进锅里，加适量的水，等大火煲滚后，转小火煲一个半小时便可饮用。

②

2. 西芹莲藕炒乐昌马蹄

将莲藕去皮，切片，浸泡在清水中备用。然后马蹄去皮，与西芹洗净，切丁，备用。烧滚锅里的水，放入藕片“飞水”约1分钟，然后捞起过冷河沥干水待用。放入西芹、马蹄，大火爆炒，接着倒入藕片一同快速炒匀，调味后即可上碟食用。

俗语说，广东三件宝，陈皮、老姜、禾秆草。陈皮在坊间已久负盛名，名声在外之时总不会忘记自身“身世”，陈皮产于侨乡新会，乃知者甚众。讲起新会的食材可谓不少，如新会甜柑、杜阮凉瓜等等，而有一样大家平时都“熟口熟面”的萝卜哪！萝卜食材在南粤可谓盛产之地，上品的萝卜当数新会崖门镇所产的甜水萝卜。

甜水萝卜出产于新会区崖门镇甜水村，自古以来，以其优良的品质深受广大食客的欢迎和青睐。据史料载，甜水萝卜在清嘉庆年间已开始栽种，至今已有百多年历史。甜水萝卜与众不同，皆因其独特的地理条件与气候环境。甜水村附近的土地全是幼沙混泥浆组成的砂浆粉田，土质松软，疏松肥沃，透气性强，吸入水分适中，加上耕作层深厚，又有火烧底作田底，不易渗水，非常适合萝卜生长。甜水村的村民利用当地特殊的土质种萝卜，又引甜水坑的甜水来浇灌，于是培育出具有特殊品质的食材——甜水萝卜。

“一方水土养一方人”，造就了甜水萝卜与其他地方出产的萝卜有品质差异，

陈皮香处萝卜甜

甜水萝卜表皮光滑、肉质雪白、嫩滑清甜、脆口、无渣、少纤维。如果早上拔出的萝卜，皮层带些微裂，突显了与众不同的特有本质。

但甜水萝卜不是一年四季种植，而是约在每年8月下旬播种，至明年4月前末造。每造生长期为三个月。有"冬至卜"和"大头卜"两个品种。"冬至卜"在冬至基本收割完毕。"大头卜"在春节前后。到收获期，每个萝卜都有五六斤重，而且皮色嫩滑，无沙虱伤害，无涩皮现象。近年，甜水萝卜的种植采用有机肥料，使其取得广东省无公害产品认证。

萝卜是市民的餐桌常用食材，因而甜水萝卜有这么好的材质，受食客趋之若鹜是最正常不过的。如果想品尝到更美味的甜水萝卜菜式，可到位于番禺迎宾路的实惠坚酒家，又或者是位于芳村大道南广船旁的欢聚一堂酒家。好的食材，价格上与普通萝卜亦有所不同，略为贵些，在清平市场偶有见到甜水萝卜的踪影。

菜谱

1. XO酱甜水萝卜糕

500克粘米粉，1000克萝卜，虾米30克，腊肠150克，清水500克，盐10克。

①先将甜水萝卜削皮刨成丝，然后将萝卜丝揸干水备用，记得，先不要把萝卜水倒掉哦。

②然后将粘米粉浆分次加到萝卜丝中混合在一起，喜欢萝卜糕软些的，可以把面糊和得稀点（加多点萝卜水）。喜欢萝卜糕结实点的，就可以把面糊和得稠点。

③把面糊倒入不锈钢的托盘中，开火蒸20到30分钟，视萝卜糕的厚度而定，也可以将筷子插进去，没有粉浆挂在筷子上为好。

④将萝卜糕切小块，表面均匀沾上吉士粉备用。

⑤热锅倒入适量油烧热至约150℃，放入萝卜糕块，中火炸约1分钟至表面酥脆，捞起沥干油分，排入盘中均匀淋上XO酱即可。

①

2. 甜水萝卜玉米煲骨

①猪筒骨洗净，然后"飞水"，捞起用冷水冲一遍。

②甜水萝卜洗净削皮，切成滚刀块；马蹄洗净削皮。

③玉米去衣洗净，用刀切成4段；红枣拍扁去核。

煮沸清水，放入所有材料，大火煮20分钟，改小火煲一个半小时，下盐调味即可。

②

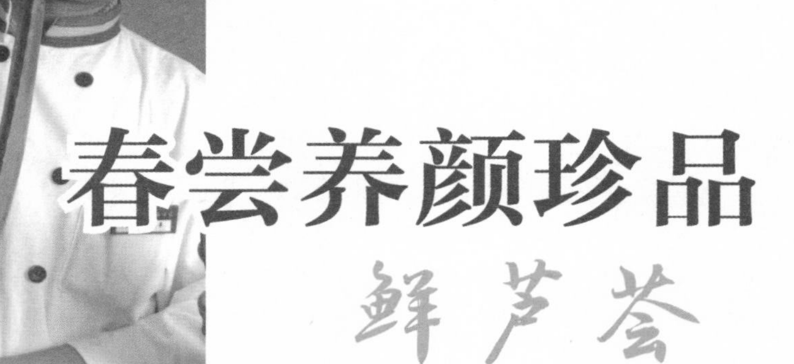

春尝养颜珍品

鲜芦荟

拥有曼妙的身段、水泽亮丽的肌肤几乎是每位女士的梦想。为此，女士们想尽法宝“减衣缩食”，护肤养颜，而精明的商家亦不失时机地推出各种水果瘦身宴、药膳瘦身宴等吸引女士的眼球。其中更有被誉为“养颜珍品”、“植物医生”的芦荟。

芦荟为多年生草本植物，茎较短，叶簇生于茎顶，直立，每片肥厚多汁；呈狭披针形，长约36厘米、宽约6厘米，先端长渐尖，基部宽阔，粉绿色，边缘有刺状小齿。肉质叶内能储存大量水分。

芦荟作为美容佳品，很早就被人们所认识，常常出现在各种化妆品的配方中，但其实它也是十分美味的食材，那如同水晶般晶莹剔透的色泽，滑溜溜的口感，养颜健身于一体的功效，令人难以忘怀。据资料所载，它含有大量的氨基酸、维生素及各种矿物质，特别是还含有锶和锗，这些营养成分对人体都有补充作用。而且芦荟具有促进伤口愈合，清热通便，降低血脂、血糖和血压等多种治疗作用，更能排毒养颜，因此芦荟在民间拥有家喻户晓的“植物医生”、“养颜珍品”的雅号。

芦荟虽好，但不是随随便便哪一个品种芦荟都能入口。据有多年烹制芦荟菜式的师傅介绍，芦荟有好几百个品种，但可以食用的只有几个品种，如“库拉索芦荟”、“华芦荟”、“上农大叶芦荟”可入药或食用，而且成熟的芦荟才好吃，不然苦涩味会盖过原本的清甜。

芦荟的家庭保健食用方法相当多样，生嚼芦荟叶，把鲜芦荟叶切成4厘米的段，洗净去皮即可；饮芦荟汁，即将芦荟叶在豆浆机中搅碎过滤服用，最好随用随打，也可煮开后放在冰箱内保存一两个星期；此外还有芦荟浸酒、芦荟浸蜜等。

绿色健康的食材，备受追捧乃情理之中，大家不妨买些回家，做几道菜式来保健养颜，可谓一大乐事！

①

菜谱

1．芦荟炒火腩

将芦荟洗净切成段、火腩切条，然后落油爆香火腩，接着放入红枣、杞子、芦荟翻炒，最后加入调味料调味即可。

2．芦荟煲龙骨

将龙骨洗净后斩件焯水。然后将龙骨、芦荟肉、姜片放入煲中加入适量的清水煲约两小时，最后加入适量盐调味即可。

②

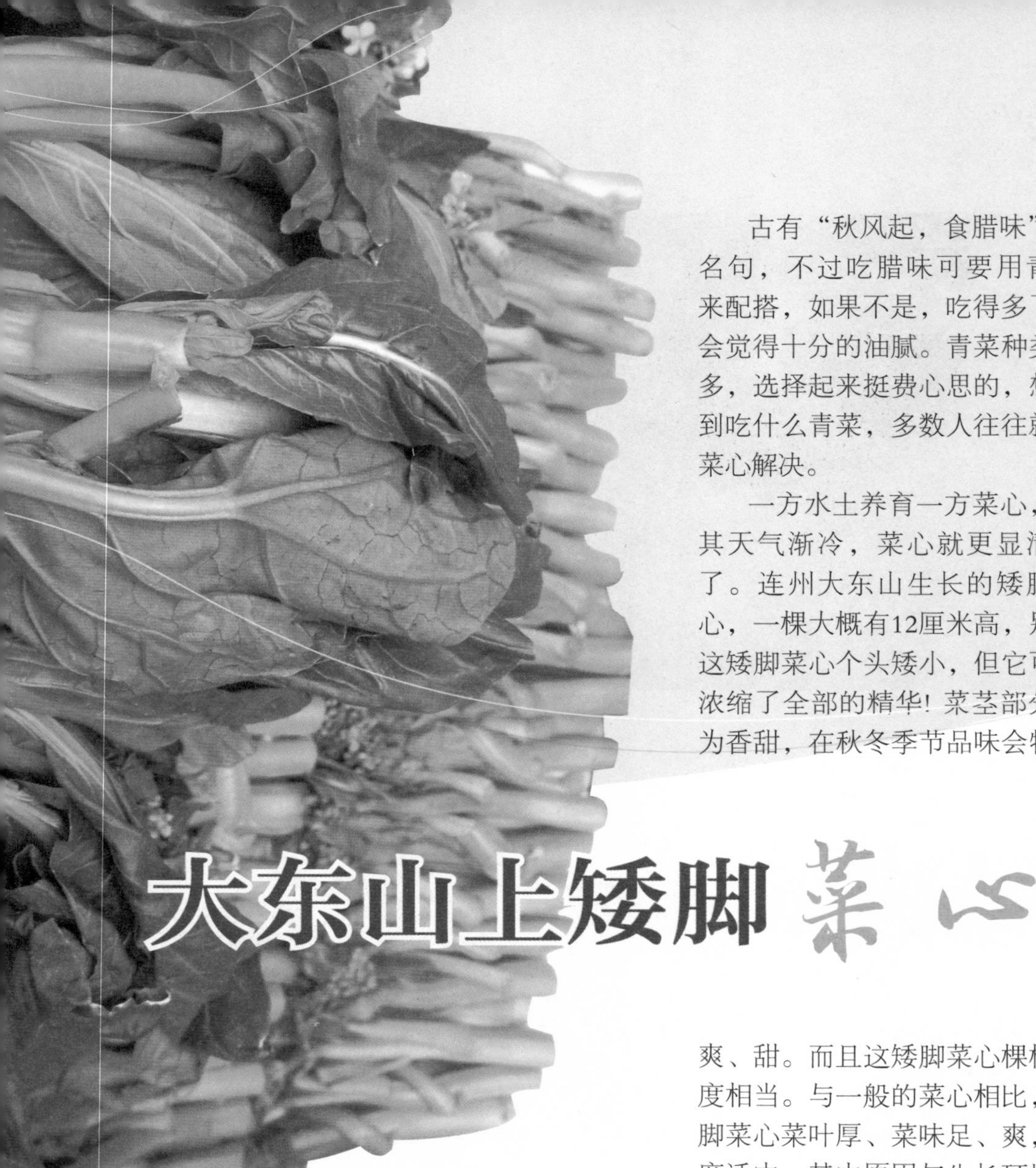

古有“秋风起，食腊味”之名句，不过吃腊味可要用青菜来配搭，如果不是，吃得多了就会觉得十分的油腻。青菜种类繁多，选择起来挺费心思的，想不到吃什么青菜，多数人往往就买菜心解决。

一方水土养育一方菜心，尤其天气渐冷，菜心就更显清甜了。连州大东山生长的矮脚菜心，一棵大概有12厘米高，别看这矮脚菜心个头矮小，但它可是浓缩了全部的精华！菜茎部分尤为香甜，在秋冬季节品味会特别

大东山上矮脚菜心

爽、甜。而且这矮脚菜心棵棵长度相当。与一般的菜心相比，矮脚菜心菜叶厚、菜味足、爽，硬度适中，其中原因与生长环境和种植方法密不可分。矮脚菜心属低温长日照植物，对阳光的要求高，连州大东山海拔1000多米，阳光充足，昼夜温差大，加上山区的低温有利于植物体内的物质转化和糖分增加的缘故，因而菜心更显清甜。据闻由于在山上种植，温度较低，菜心的生长速度较慢，结合增施肥料，可以获

得质量好的矮脚菜心，所以一般在六至八月份种植，大概到九十月份收成，只采收主薹。在施肥方面要做到合理施肥，宜勤施、早施、薄施，幼苗定植后两三天便发新根，应及时薄施追肥。当大部分植株现蕾时，应供给充足肥水。在菜心形成过程中，生长过快时，则要控制施肥，这样才能保证生长出来的矮脚菜心够爽甜。

好的食材，商家又怎么会错过，在芳村蔬菜批发市场就有得批发，不过有买就要趁早，凌晨四五点钟就开始售卖，原包装500克售价8元。

①

菜谱

1. 肉碎咸蛋黄蒸菜心

①猪肉150克洗净剁碎。
②咸蛋1个取蛋黄压碎。
③把肉碎、咸蛋黄铺在菜心上。
④烧滚水，放入蒸屉蒸8分钟即可。

2. 生炒菜心

①把择好的菜远洗干净，沥一下水。
②热锅下油，爆香蒜茸。
③放入菜心加盐爆炒至转青。
④翻炒后再盖上盖子焗3～5分钟即可上碟。

②

冬天里的黑皮冬瓜

讲起冬瓜很多人都会想到夏天消暑的食材，没想到普通冬瓜不但是夏天盛产，更有冬天收成的，那就是清远高田黑皮冬瓜！高田位于清远市东北面，清新县东部，镇内山清水秀，空气清新洁净，气候温和湿润，土地肥沃，水源充足，因而非常适合黑皮冬瓜的生长。黑皮冬瓜与其他冬瓜品种相比，形体上没有特别不同，而皮色就有很大区别，顾名思义黑皮冬瓜那皮当然是黑色的，成熟后的冬瓜皮色呈黑色，外形与炮弹很相似，瓜身长约70厘米，重约30斤，皮硬肉厚，肉质雪白，肉纤维甚密，味清淡，水分少，切口经久不变色，甜而爽口。据当地村民介绍，黑皮冬瓜不但肉质美味，更是健康药膳的食材，具有清热解毒、利水消痰、除烦止渴的功效。对于改善心胸烦热、小便不利有相当好的辅助作用。

黑皮冬瓜受当地气候影响，高田地理环境非常适宜种植这些反季节品种，所以瓜农一般在七八月播种，至10月

菜谱

毛蟹白贝焖黑皮冬瓜

将黑皮冬瓜的中段切开，厚约20厘米，清除内部瓜仁，连皮洗净外表，放入火锅盆中，加入毛蟹、白贝于瓜环中，而瓜环外则加些斩碎的鸡块。

底开始收成，黑皮冬瓜市场销售价格比普通冬瓜约高二十至三十个百分点。当你走进高田一带的公路时，经常见到不同地区牌照的大货车停在路边上货，如果自由行方便的话不妨带上一两只清远鸡、打包一只黑皮冬瓜作为手信，不失为一个好的选择。

冬瓜有益相信大家都不会有疑问，但用黑皮冬瓜做的菜式其实亦都另有一番风味。进入冬季，天气较凉，大家都比较钟情食火锅，而黑皮冬瓜火锅更是一大特色。首先选用黑皮冬瓜的中段切开，厚约20厘米，清除瓜仁，洗净外表连皮，放入火锅盆中，加入你喜欢的食品，譬如你喜欢食鸡火锅，又或者加些海产品的话，可以将海产品放入瓜环中，而瓜环外则加些斩碎的鸡块，一举两得，真正的“鸳鸯黑皮冬瓜火锅”，不熟不食，好不过瘾。待食完鸡肉及海产品后，将黑皮冬瓜切开与浓汤一齐饮，非常“野”味。好味之余，黑皮冬瓜有降火的作用，所以无须担心“热气”。当然，一只冬瓜一部分打完火锅后如果留在下一餐，必须放入冰箱保鲜，如果不方便储存的话，可以刨成厚片晒成冬瓜干，这样一来你就不怕黑皮冬瓜浪费了，待有空时再来品尝黑皮冬瓜干的美味。

端午时节话荷包豆

讲起荷包豆，可能平日市民不一定见过，而在一些山区的乡村，时不时都会发现它的外壳（又称之为“荚”），其形状似“刀豆”，而刀豆腌制后连壳都可以食用，而荷包豆只食用内在的豆仁，豆仁形似荷包状，故此人们赋予雅号为荷包豆，别名叫看花豆、赤花蔓豆、虎斑豆、棉豆、白豆，还有个最朴实的学名——红花菜豆。荷包豆则是广西、广东、云南等地方的习惯叫法。荷包豆性味甘平，营养丰富，有健脾壮肾，增强食欲，利尿化湿的作用。可作脾弱肾虚者的保健食品。在民间享有豆中之王的美称。近年来，由于绿色食品的风行，荷包豆逐渐成为酒楼食肆的食材首选。

受地理环境影响，乳源瑶山中的瑶民在空气清新、洁净，无任何污染的种植基地上种植生产的荷包豆为上品，而其他产地的稍为次之，其价格同时亦有所不同。食用方法：将此豆洗净，1千克干豆可以涨发成湿豆1.1～1.25千克，用鸡或猪骨放入与荷包豆一起煲3至4小时，美味可口、营养丰富，是一种纯天然的绿色食品。

荷包豆在乡间的烹制方式可能会简单一些，而在省城广州那只能用多姿多彩来形容。以芳村大道南广船旁的欢聚一堂乡村酒家为例，该酒家可以一种食材演绎出好多种的菜肴及点心，如荷包豆莲叶煲水鸭、荷包豆炆掌翼、荷包豆作馅包裹蒸粽、荷包豆水晶糕等等。而位于番禺华南快速干线沙溪出口旁的恒丰酒家更是发挥水乡特色，一道“荷包豆白贝炆乳鸽”深得客人的青睐。除了师傅厨艺了得之外，其食材本质是功不可没的，好的食材加之另类的搭配，亦有意想不到的效果。欢庆佳节不妨到干货市场“扫”些货回家一展厨艺，一家老小欢聚一堂，乐也融融！不亦乐乎！

①

②

③

菜谱

1. 荷包豆煲龙骨

原料：荷包豆100克，龙骨300克，姜5克，葱白5克，白酒2毫升，盐少许。

做法：

①荷包豆用凉水泡2～3小时，姜切片，葱白切段。

②泡发的豆子与龙骨一起放入高压锅（或砂锅），姜片葱段和白酒倒入锅内同煮（炖）。

③高压锅上气后，大火5分钟，小火10分钟即可关火（砂锅炖大约需要1小时）。

④加适量盐入汤，撒上葱花即可食用。

2. 荷包豆白贝炆乳鸽

荷包豆、白贝取肉洗净备用；乳鸽宰好去内脏洗净，以盐涂匀内腔，表皮则以蜜糖涂匀，开锅下油，将乳鸽表皮煎至上色，取出，爆香姜片、葱段和荷包豆、白贝，溃花雕酒，下适量鸡汤、金不换、蚝油，放入乳鸽焖煮至熟，取出乳鸽斩件后放回锅，收汁调味便成。

3. 荷包豆鲍鱼炆掌翼

小干鲍鱼350克（大约10个），鹅掌、翼150克，荷包豆适量。潮州卤水、高汤、葱、姜、盐糖、鲍汁、生抽、绍酒、湿淀粉各适量。

做法：

①发泡好的小鲍鱼（泡12小时），用高汤（鸡，火腿，猪扇骨煲成的老火汤，不要汤渣）焖4小时。

②另外新鲜鹅掌、翼洗净，放入卤水中卤至熟软。

③开锅，葱、姜起锅煸炒，放适量高汤，绍酒，放焖好的鲍鱼，卤好的鹅掌和浸好的荷包豆，放鲍汁，盐糖吊味，用生抽勾湿淀粉成薄芡，淋上味汁即可。

葛中珍品

——火山无渣粉葛

真正了解普通粉葛与火山无渣粉葛的食客可谓不多，那普通粉葛与火山无渣粉葛有哪些不同呢？首先从外形看是没有多大区别，但用小刀切开一小块时就会有直观的分别，普通的粉葛纹路粗，有少许液体溢出；而无渣粉葛表面光滑，纤维纹比较幼细、洁白、干爽。以上鉴别只是目视的区分，但要区分普通粉葛与无渣粉葛最好的方法，就是切片焯熟放在口中细嚼来领略个中真谛。普通粉葛满口是葛渣，略带涩味，而无渣粉葛则口感厚实而脆，纤维性不强，食不留渣。

闻名于粤北的火山粉葛在曲江县大塘镇火山街一带有较长的种植历史，过去以采集野生粉葛为主，后逐步转化为人工种植。由于以前交通及信息不是那么畅顺，因而认识这个“宝”的食客不多，因此一直只在附近区域销售，未能更好地走出“闺门”，随着这几年餐饮行业的采购发掘得以走出家门，成为当今市民餐桌的食材。进入冬天是粉葛的收获季节，前来当地买粉葛的人们络驿不绝，价格也高于其他一般粉葛。无渣粉葛之所以受欢迎是因为其烹食的方法甚多，并且各有特色。

无渣粉葛的食法有多种，有几种食法可供借鉴。例如将无渣粉葛切成薄片用来煲糖水是秋冬不错的甜品之一。甜润之余，饮多几口都不觉得“腻”喉。如果用作煲汤更是上选之材，用猪踭、蜜枣一同煲，汤色奶白，口感极佳，可汤亦可菜。粉葛切片用小许南乳一同烹制亦是一道非常简单而可口的小炒。除了炒的特色外，一道驰名已久的菜式不容错过，那就是大名鼎鼎的“粉葛扣肉”！此菜入口松化、甘香浓郁，别具风味。好的食材还有更多的创新制作。正如位于新光快速干线沙溪出口的“私厨制造花园酒家”制作的“粉葛扣鹅掌”，荤素搭配，不肥不腻，正好迎合了现今食家追求健康的食法。大厨制作肯定是有他拿手的功夫，而自己品味一下家中厨艺时，不妨到大型的街市转转，在那会找到无渣粉葛的身影。

菜谱

①

1. 粉葛扣肉

将削去皮的粉葛切成日字形厚片，然后放入油锅中炸至金黄色捞起，而五花肉亦一同炸至皮色金黄，切成与粉葛大小的肉块，用两块葛夹一块肉摆在扣碗中，淋上南乳调味汁炖上1小时左右即可成为美味的菜肴。

②

2. 鱼滑蒸无渣粉葛

首先选一个约1500克的粉葛切成厚片，葛片中间剶一小刀，将鱼茸酿进去，然后放入蒸锅中蒸7分钟，即可蒸熟，最后用少许鸡汤调味打个琉璃芡淋上便大功告成。

③

3. 无渣粉葛炆土猪

①将土猪肉用水煮透，切大块。

②合水粉葛去皮切大块。

③入红糖、八角、香叶、腐乳、生抽、老抽、盐、味精等，加水盖过肉，文火煮至肉软就行。

宫廷贡品——京塘莲藕

说起莲藕可谓耳熟能详，有很多人都会说没有什么特别之处。但在芸芸食材中有一产品叫“京塘莲藕”可谓奇藕之一。为什么说京塘莲藕是奇藕呢？说来话长。

京塘莲藕产于花都京塘村，所以尊称“京塘莲藕”。京塘莲藕与别处莲藕不同之处在于藕身“苗条”，不像一些产地的粗壮结实，而最奇特的当数种藕的塘。这个塘相传已种藕超过600年，并且藕塘每年收成之后不用下种，第二年藕塘又长出满塘荷枝荷叶，一片翠绿。也不用施肥，到了冬至前后京塘藕就会开塘。藕塘约70亩（1亩=0.0667公顷），供村民挖藕。挖出来的藕就实行“自挖自得”的政策，因此，每年逢开塘的时段，京塘村藕塘场面非常热闹。

很多“藕友”闻风而至，在入村的山路两旁停满了各式各样的车，来自各地的车牌五花八门，可见京塘藕的魅力是多么的“犀利”。京塘藕虽好，但产量不多，据村民讲大约几万斤，故而价格方面要比外面的莲藕贵好多。假若封塘之后更加贵些，因为卖少见少，所以只有早些品尝，价格上稍为便宜些。

京塘藕好食是毋庸置疑、人皆共知，但京塘藕不但只是口感好，而它本身亦都有较高的营养和药用价值，被当地村民称之为

“植物鹿茸”，可见其“药”效矜贵。好的食材商家当然不会放过，京塘藕除了村民自己享用及送亲戚之外，有剩余都会卖给货商。故此，冬至前后在花都新华比较大型的农贸市场都会发现京塘莲藕的身影，而广州清平市场亦偶有销售。好料还需有好的厨艺，才能锦上添花。离京塘村不远，位于新华建设北路的合兴大酒店，有多款京塘藕的菜式深得客人追捧。如藕茸煎鱼饼、原味莲藕、绿豆酿京塘藕等等都是不错的菜式。如要品尝稍移玉步即可找到心水美食。

菜谱

京塘藕煲猪踭

藕去节切厚块；绿豆、陈皮浸泡。除莲子外一起与猪踭、姜下瓦煲，加适量水，武火滚沸后改文火煲约一个半小时后下莲子，继续煲半小时，下盐便可。

果林深处荔枝菌

每年从农历五月初一开始到夏至时节、荔枝成熟结果之时段，荔枝菌在荔枝林、竹林潮湿的地方，经过高温多雨、骤出太阳骤降大雨的促进，迅速生长起来。这趟摘完了，只要不毁坏这个“菌窦”，没过几天又长了出来。据有经验的果农说，但凡有类似白蚁窝的地方，挖到荔枝菌的机会会大好多。一柄肥壮的荔枝菌，略呈纺锤形状，长达10厘米，菌尖似一把收拢的小雨伞，这样菌相的荔枝菌可被列为上上品，味道极之清鲜、爽口。

荔枝菌是著名的野生食用菌，被誉为“菌中之王”。荔枝菌性平味甘，有补益肠胃、疗痔止血的功效，可治脾虚纳呆、消化不良、痔疮出血等症。

荔枝菌以从化、增城荔枝林居多，而以广州市海珠区新滘镇，尤其龙潭、土华出产的为最佳。每年6月开始，这些荔枝菌会在荔枝树、阳桃等果树土壤下冒出。荔枝菌必须有以下三个条件才能自然生长：首先，茂密阴湿的荔枝林；其次连续下几天大雨后；或者附近有大白蚁窝。如果荔枝菌长出一天后不摘除的话，立即被白蚁大啃，成为白蚁口中美食。生长量极少的荔枝菌是不能人工培植，听果农讲有人尝试多次均失败。从采摘到烹饪时间不能超过一天，要不然鲜味将大打折扣。

发现荔枝菌必须动作迅速，一不能让它长得太高，二不能让它的伞打开，否则便变黑，不能食用。所以，当荔枝菌刚长出来时，大多数果农便会动员一家老少及时采集。荔枝菌可是一种稀罕物，由于荔枝菌一般在午夜至凌晨生长，而且大多每年都在同一个地方生长，因此，当地果农采集前都会预先做好记号，每到晚上，当地果农会打着手电到当地果园，借着微弱光线细细找寻，手气好的时候一晚可以找到几千克，但有时也会吃“白果”。

荔枝菌在做法上，一般拿它来焯滚汤水或隔水清蒸为主，这两种做法可让食客品出荔枝菌特有的清鲜。譬如“油盐水蒸荔枝菌”。不过，现有不少酒楼大厨不断创新及改进，开始用肉类或海产品，混合烹制。

荔枝菌虽好吃，但采摘时必须有一双“金睛火眼”，以防误采中毒。如何识别毒菇呢？果农介绍了一些辨别的“绝世好桥”给大家，假若菌的菇面颜色鲜艳，有红、绿、墨黑、青紫等颜色必是毒菌；其次，有毒的菌分泌物稠浓，呈赤褐色，撕断后在空气中易变色；再者，毒菌会有一种异味，如辛辣、酸涩、恶腥等味；保险一招，采菇时带上一把葱，发现菌时，可用葱在菇盖上擦一下，如果葱变成青褐色，证明有毒，请勿采摘！

菜谱

1. 油盐水蒸荔枝菌

材料：荔枝菌300克，盐、姜汁、花生油各适量。

做法：荔枝菌洗净切段，以盐、姜汁和花生油拌匀，上碟后入蒸炉猛火蒸5分钟即成。

①

2. 荔枝菌鸡汁粉包

用山井水浸泡陈米8小时，隔3小时换一次山井水；最后，用石磨匀速地磨出米浆，放入锅里蒸熟成粉皮。

荔枝菌、沙葛切粒，加入鸡汤同炒至熟做馅。

吃的时候用刚蒸好的粉皮叠成包即可。

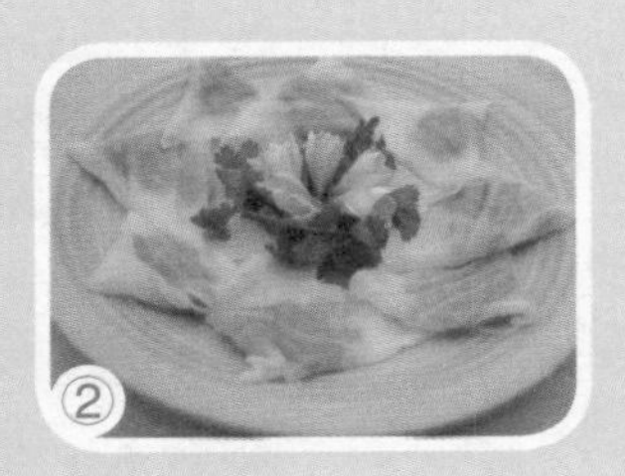

②

3. 粥水荔枝菌浸鸡

事先煮好稀稀的粥水，腐竹泡开，鸡斩成小块，油盐酱姜粉腌好，荔枝菌洗净。先用粥水把腐竹煮软，然后放鸡进去煮得差不多了，再放荔枝菌，等鸡熟透就可以上盘了。

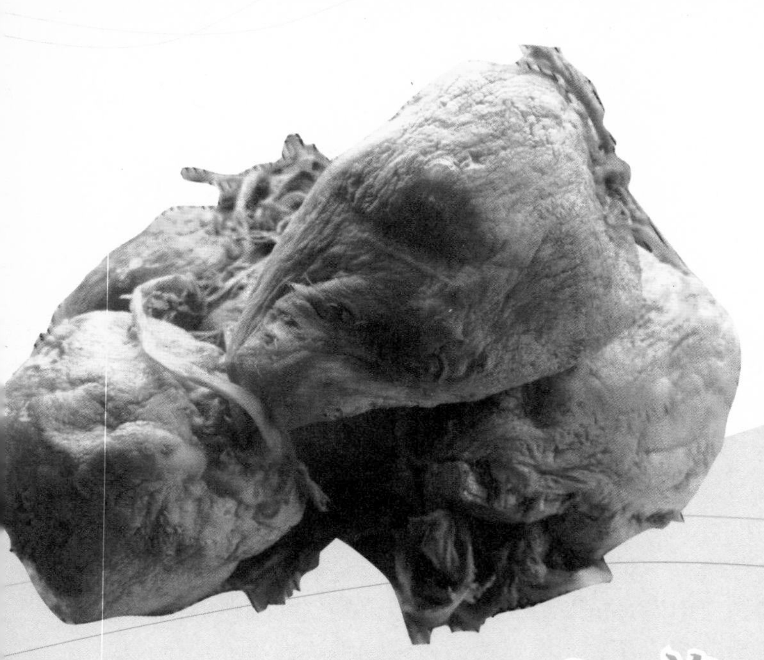

黄圃头菜分外香

讲到大头菜的制作，坊间有多种方式，而在黄圃，大头菜的制作有着悠久的历史，大多是上年纪的老师傅利用传统家庭作坊工艺制作而成。因而黄圃出产的大头菜风味独树一帜，色泽金黄，特有的淡淡豉香令人食指大动，入口有点甜，更是爽而无渣。相比起广西横县南乡头菜各有特色，南乡头菜个头长而大，味偏咸；切开后有特有的“菜油”。而同是头菜的黄圃头菜的口味更加得到本土人的接受，爽而无渣而且咸甜适中，这正是黄圃头菜受广大“为食”之人钟爱之处。制作菜肴更是可作小食，或配菜，适随尊便。黄圃关家尾更因出产头菜而声誉日隆，被人称为“头菜村”，每到生产季节，都有一大批人到这里采购头菜作为馈赠亲友的佳品。

根据老师傅的说法，黄圃头菜的腌制一般是在冬天有北风和阳光好天气的时候进行，这时鲜大头菜生长到最大。收获时要连根拔起，但叶片和块根不能分割。然后择除黄叶，用水清洗，并挂在室外晒15个晴天，如果天气不是太理想的话，时间还要延长。老师傅还说晒得不干的大头菜腌制后会发黑，而且味道不好。接着大头菜即可上缸腌制，腌制时一层大头菜一层食盐。大头菜上缸腌制的第一天至第二天，每天翻缸两次，以防大头菜发热变质，以后每天翻缸一次，腌制七天，大头菜基本上成熟，如果食之会有辛辣味，说明腌制尚未到位。已腌制成熟的黄圃头菜又如何保存呢？原来就是将黄圃头菜逐个地放入缸中，每个大头菜在缸中要紧密排列，尽量不留空间，盛满后用菜棍挤紧倒置一天，让水分沥干，再用泥土封住缸口，封缸泥与大头菜间不留空间，以免大头菜与缸壁相离而变质，但有一点值得注意，存放环境要注意通风避光。

黄圃头菜最传统的吃法是将洗干净的头菜切粒，用碟盛装后再放少许油糖蒸熟，这样最能吃到黄圃头菜那份爽口柔韧，原汁原味。而用黄圃头菜来炒肉丝，将头菜切丝与肉丝同炒，锅气十足，味道更是香浓。如果家庭吃用，用黄圃头菜蒸五花肉更是下饭的最佳菜式，细细咀嚼，头菜独特的香味徐徐地散开来，齿颊皆香，多吃也不会感到过于油腻，反而叫人有点回味无穷。现在市面上销售价约为5元500克。

菜谱

黄圃头菜蒸五花肉

①选一块半肥半瘦的五花肉，把它切成薄薄的。

②把姜跟蒜切得小小的，越小越好，再把头菜也切成丝，洗多几次。头菜不要放太多，会把肉味吸去。

③把头菜、姜、生粉、生抽、盐、蚝油跟白糖放到五花肉上拌匀，一蒸就好啦。

解暑珍品

——大顶凉瓜

大顶凉瓜始种于新会杜阮一带，已有上百年历史，由于产量不大，而且菜农一般都将大顶凉瓜出售到港澳地区，因而在广州市面上鲜有见到，市民亦见者不多。然而聪明的店家们就看中了这样的机会，力求寻得货源在竞争中领先。经过多方寻觅，在大沥谭边信丰村寻得。据说它最早是和杜阮凉瓜同出一门，但由于当地土质是带沙质的泥土，透气性好，十分适宜大顶凉瓜的生长，再加上灌溉的是水库水，水质纯净，长年累月下来，种植出的凉瓜瓜形也有别于常见的长身型，相反，它形如灯笼一般，矮小又肥大，上边宽，下边略收窄，底部呈圆弧，肉厚色绿。据当地的菜农介绍，其实信丰村种植大顶凉瓜亦有几十年的历史，但由于杜阮凉瓜比大顶凉瓜的名气更大，因而知道大顶凉瓜的人并不多，正可谓“养在深闺无人识”。

要品尝大顶凉瓜独特之处，非冰镇莫属，品一口，味微苦，再尝一口，竟然变得有丝丝的清甜，原来是由于它的糖分含量比一般凉瓜要高的缘故，这就是大顶凉瓜的一个特点：“甘甜”。而且由于大顶凉瓜水分充足，瓜肉入口确实爽脆无比，简直可媲美水果。根据行家的说法，拣大顶凉瓜，首先就是“看”，越是翠绿、表面的纹理越是膨胀突起表示它越“够身”，跟着就是“磅”，越是坠手的大顶凉瓜越脆。

学会了怎样挑选靓的大顶凉瓜，当然要烹制几款来一解暑气。大项凉瓜不论煎、炒、炆、酿样样皆美味。老广对汤水十分钟爱，尤其是夏季，汤水更是每餐必不可少的。凉瓜煲排骨具有清内火，去湿热之功效，正适合夏季饮用。

大顶凉瓜除了南海有售之外，在清平市场亦能见其身影，市场批发价约为8元500克。

1. 凉瓜沙律

将大顶凉瓜切粗粒“飞水”后凉冻，加上沙律酱拌匀后即可食用，同时亦可加入更多的食材，譬如红腰豆、青瓜粒、粟米粒等等。

2. 凉瓜煲排骨

先将黄豆用清水泡发2小时左右，水烧开后放入洗净的排骨，加入两片生姜，然后和泡好的黄豆大火煲开后转中小火煲，接着将苦瓜连白色内膜和籽一齐切成大块，煲约两三小时，加入盐调味即可。

春尝都斛花椰菜

春风过处，繁花似锦，在这食材相对贫乏之时，笔者在台山都斛探得一“花”，那就是驰名已久的都斛椰菜花！

花椰菜亦即是平时我们讲的椰菜花，是餐桌上经常可见的菜蔬，不过不要看它好像很平凡，但内里一点儿都不“简单”，从它不但在五邑地区风行，甚至远至香港、澳门的食客都会在收成之时到来，一品个中滋味，走时更会带上一些做手信这点来看，就知它肯定内有乾坤。

据当地农户讲，原来都斛椰菜花并不是一开始就在都斛种植的，而是100多年前由旅美乡亲引入栽种并改良而成，菜农每年选留菜种，使品种特性一代代遗传下来。它虽不是都斛始产，却盛名于都斛。这又是“点解”呢？据说这是因为都斛镇依山傍海，位于台山市东南部，西北有高山所挡，冬季气候温和，东南临南海，冲积土层肥松，非常适宜椰菜花的种植，因此椰菜花生长得快，花大如盆，花色鲜白、口感脆嫩清甜，柔软爽口、无渣。都斛椰菜花分秋冬两季植，一般立秋前后下种，翌年3月便可收获。

都斛椰菜花不但口感好，而且营养丰富，它富含蛋白质、脂肪、碳水化合物、食物纤维、维生素及矿物质。传统中医发现，常吃菜花有爽喉、开音、润肺、止咳的功效，因此人们把菜花叫作“天赐的良药”和“穷人的医生”。

普通椰菜花在一般的街市就可以买到，不过都斛椰菜花因为销售渠道不一样，要买的朋友，除了到产地之外，在清平批发市场都偶见其倩影，但价格要比普通椰菜花要贵些。

由于都斛椰菜花特有的清爽，无渣，故而与其他食材搭配都比较讲究，既突出椰菜花的本味，又融入其他外味，配菜起来都费煞思量。一般家居多以清炒、浸、煮等烹调方法居多，譬如将花椰菜同圣子、冬菜一齐烹煮，口味清鲜而又爽口，不失为一个好的配搭。

如此好味又营养的菜蔬，我们又岂能错过呢，一起“春尝都斛椰菜花”吧。

菜谱

1. 圣子冬菜煮椰菜花

将花椰菜同圣子、冬菜一起烹煮。

2. 虾米水浸椰菜花

虾米洗净，爆香，加入适量的水，放入椰菜花煮熟即可。

①

②

竹乡龙塘大芥菜

广宁龙塘四面环山，空气清新，山清水秀，因其独特的地理环境，造就了龙塘大芥菜：爽脆甘甜、菜味浓郁，富含维生素、胡萝卜素和大量的食用纤维特质。龙塘大芥菜种植历史悠久，是竹乡著名的特产。这种芥菜每棵高达1米左右，叶大茎粗，颜色鲜绿。好似“人仔”咁高。

原来当地村民每年晚稻收割完毕，农田还有禾茬。村民就将田泥掀反，禾茬覆盖在下，上松成粉末状、开穴种上芥菜苗，根部施放农家肥，其后每天早上、黄昏各浇水两次。历经近15天，芥菜成长，叶大柄粗、青翠欲滴，因正值冬天，无虫害之虞，加上是施以农家肥，绝无污染。此种菜有一特点，未经霜冻时，其纤维较粗，味较淡，遇冬天霜后，不但不受些微损害，且长势更为茂盛，食时，更嫩，且有甜味。

每年的11、12月至初春，是其大造季节。每逢收割，放眼田野田基屋前屋后，均挂满、铺满大芥菜，此是晒干水分，及至菜身半软时，用来腌制“水碌菜”。而新鲜的芥菜，不用放水，加入少许橘果皮，然后煮食，

食之味先苦后甜，苦中带甜，嫩又爽口，汁多。而芥菜还有食疗作用，鲜芥菜烹煮时释出菜水，有去冬之燥火的作用，且芥菜其性味苦辛、无毒、温，可解表利尿，宽肺化痰、利肠开胃，对冬季唇干舌燥、咽痛声嗽，小便不畅等均有作用。

龙塘大芥菜因其枝繁叶茂，青翠欲滴，呈现无限生机，在当地有“人口昌盛，开枝散叶，生机勃勃，万事兴旺”之意。故在广宁地方风俗中，还是吉祥之物。据说每年春节，农村亲朋好友在互访中，都少不了带上一棵硕大且有根的大芥菜，在其头绕上一圈红纸，礼虽轻而情意重，送者欢喜，收者高兴。

①

菜谱

1. 紫淮山咸骨煲芥菜梗

取芥菜一棵（约1500克），猪骨500克，紫淮山500克，蜜枣一粒，先将猪骨用盐腌上1小时便可煲汤，汤成后，加入紫淮山、芥菜一同煲熟，便可食用。

2. 相思籽腐竹捞芥菜

菜叶同腐竹一齐“捞”食，加上几粒“相思籽”，即可食用。

②

飘香粤西“六十日”——黄菜

“六十日”黄菜盛产于怀集，怀集县处北江支流绥江的上游，与广宁、封开、贺州、阳山等县市毗邻，是广东省西北通桂达湘的重要交通枢纽。怀集县地理环境优越，属亚热带季风气候，四季分明，气候温和。而“六十日”黄菜正是怀集县甘洒镇的原产食材。

之所以叫“六十日”，是当地农民将生长期为六十日的小型早熟萝卜苗从播种后，算准到第六十日时收成，一日不多，一天不少，由此得名。“六十日”黄菜就是以这种萝卜全株采收后经晒、泡、榨，然后清洗，再以民间方法腌制而成，无任何添加剂，经腌制后 ，色泽金黄，鲜嫩可口。腌制加工程序亦都甚为讲究，选择无病虫害、脆嫩的菜苗，清洗，择去老叶侧根、须根等，再用60℃～80℃温水进行浸泡，然后利用木篮压榨，压榨后再用清水清洗，洗后再压榨，最后入坛。入坛时放粗盐腌制，一层菜加小量粗盐，层层压实。装满坛后密封，倒扣坛。一个月后开坛上市。“六十日”黄菜有别于咸菜，又不同于酸菜，除了口味不同之外，还有它菜身比较干洁，比它们更好吃，夏天煲汤可解暑清热，具有开胃消滞，增进食欲之作用。

“六十日”黄菜现时除肇庆地区大部分地方有得出售外，在省城一些南粤特产店都有销售，价格比普通咸菜略贵，批发价约6元/500克。“六十日”的菜式搭配非常丰富，譬如用龙骨蜜枣煲“六十日”，具有消暑解渴、醒胃的功效，而用来蒸鸡、蒸排骨都是美妙的搭配，甚至可作为素菜包的馅料。

菜谱

“六十日”炆黑鲩

到街市鱼档购进开刀大黑鲩段1250克，取250克“六十日”洗净切成段，在锅中炒干身，再将鱼煎至两面金黄色，爆香姜片，溅酒，加水浸至鱼身八成熟，放入“六十日”黄菜，大火烧滚后，转为慢火炆约40分钟，用筷子插入鱼身至骨处，无阻碍感那黑鲩就可判断熟了，然后调味收汁不打芡，便可大功告成。

秋天里的老黄瓜

讲到瓜类食材，其种类繁多，少说也有二三十个品种，是普罗大众餐桌上的“常客”。然而步入秋季，瓜类食材开始收成，在秋冬季节才上市，好比如黑皮冬瓜等，也有像今天要介绍的“老黄瓜”一样姗姗来迟的“长者”。

黄瓜，这是北方人的叫法。在广州，它有个人人都知的名字，就是青瓜啦。可能不少人都不知道为什么青瓜又叫黄瓜，明明它是翠绿翠绿的。原来，黄瓜成熟后，不摘，任其继续生长，最后，它就会整个皮完全变黄，有可能就是这个原因，所以就叫它黄瓜啦。而这黄瓜亦晋升为名副其实的老黄瓜啦。将这个老黄瓜拿在手上，只见它瓜身粗壮，全身成金黄色，瓜皮上有裂纹，仿如老人脸上的皱纹，切开来看，瓜肉外侧雪白，而靠瓜子的内侧则透出少少的绿色，而瓜皮比起翠绿时要来得厚，远看有几分像那缩细版的哈密瓜。

近来有句俗语“老黄瓜刷绿漆——装嫩”，可能是因为现在爱装嫩的人越来越多，老黄瓜一词也因此背负上了骂名，说起来总让人难以启齿。事实上，从食材的营养角度来看，老黄瓜可丝毫不比嫩黄瓜差，其实，长到老熟留种的黄瓜养生功效更佳。别看它这副老态龙钟的样子，正所谓姜还是老的辣，黄瓜还是老的效用大。它富含植物性蛋白及维生素，具有消热、降燥火的功能。还能促进肠道中食物的排泄、降低胆固醇，亦能抑制糖类变成脂肪，更有助减肥，清润肺胃，润而不寒。这老黄瓜虽然看起来不如青瓜鲜嫩诱人，但事实上吃起来也是脆嫩清香，味道鲜美。

不少精明的广东农家常将黄瓜保留至老黄后才收摘上市，让一众识货的老广用它来煲老火靓汤。这个燥热的秋天，拿它做“令牌”，令干燥退到一边，最是有效！

老黄瓜市面售价约为4元500克，而要挑选好的老黄瓜，其实非常简单，第一要注意瓜皮全黄，说明熟透可以入汤，第二要手轻轻捏一下，肉质如果松懈可能已经腐败变质，应选择肉质均匀有韧劲的。

菜谱

1. 老黄瓜薏仁煲老鸭

将老黄瓜洗净，去头、尾，切厚块，切记不要削皮，连瓜皮一起煲功效更佳。薏仁洗净，浸透；蜜枣洗净；陈皮浸发透，刮去白瓤；老鸭去脏杂，洗净，切块；瘦肉洗净，切厚块，与生姜一起放进煲内，加入三四人分量的水，武火煮沸后，改为文火煲约两小时，调入适量食盐便可。

①

2. 老黄瓜煮白贝

将老黄瓜的皮、籽切去之后，加入白贝、肉碎、冬菜一齐煮熟即可。

舌尖上的火龙果花

火龙果原产中美洲热带沙漠地区，硕大、洁白的火龙果花，花形奇特，最重的单朵花重达500克左右，花瓣一般为白色，花丝、花药为黄色。果肉为红色的，则花萼为红色，是红色的火龙果。果肉为白色的，花萼则为白色，这是区分红肉、白肉火龙果的重要特征。有着夜仙子之美称的火龙果花，若要一睹其最美丽的时刻，就要在夜晚了，因为它类似昙花，在夜里才充分展开，至次日清晨仍可见花药，过了上午八点后完全闭合。当笔者走近时，那美丽的大花所散发着的香味扑鼻而来，淡淡的清香令你心情非常舒畅。盆栽观赏更是怡人，给人吉祥之感，故又被称之为“吉祥花”。火龙果花花期一般是6至11月，现时正是收获之时。

细听下来，越发觉得这火龙果非常厉害，既能当水果，又能当观赏植物。时下花卉美食已大行其道，相信这火龙果花也能再次给我们舌尖上的味蕾带来味觉的诱惑。在一位研究鲜花入馔的师傅的眼里，这火龙果花也是鲜花食材中的佳品，据他的说法，火龙果花可煲汤、炖肉、清炒，也可凉拌或泡茶饮。炒熟香甜清脆，煮汤品味清甜，火锅更是极品。而生食则清脆润滑，香甜味美。加上火龙果花有卓著保健功效，其花粉花青素含量高，并具有高营养、低热量、低脂肪，富含维生素等，正符合现代人追求医食同源绿色食品的饮食理念。就比如用来做火龙果花茶，将鲜花放沸水中冲泡或煮沸数分钟，加冰糖，冷冻后饮，口感更香更醇，胜过菊花茶。加之火龙果花对明目、降压效用显著，可谓是整天与电脑为伍的办公室人士的首选饮品。如果嫌用鲜花太麻烦，也可烘干后像茶叶一样保存着来用。

如此美味的火龙果花价格亦不算贵，10元一包，一包有三朵花，约重600克。

菜谱

1. 红萝卜火龙果花煲瘦肉

除红萝卜外，其他材料加水先用慢火煲两小时，然后加入红萝卜，再煲半小时，最后加盐调味即成。

2. 白焯火龙果花

将火龙果花对半切开，然后放入水中焯熟即可。

①

②

十八涌边新垦藕

讲起十八涌，大家可能会立即就想到那清幽的河涌、肥美味鲜的河鲜，不过唔讲你可能唔知，其实十八涌边的莲藕一样“顶呱呱”，那就是番禺万顷沙三宝之一的“新垦莲藕”了！

新垦莲藕以本地品种“猫牙”为主。它除藕香浓郁之外，更因为淀粉多而显得鲜甜带粉，与周边的南海、顺德、中山等地的莲藕相比，以其淀粉多，鲜味十足而取胜。外形上新垦莲藕藕筒短圆，藕皮稍厚，色香更浓，多数是三瓜四节，长约50厘米。当地藕农说，“够身”的新垦藕，藕节粗而短，节间还带有暗红色的水锈，不像洞庭湖藕那般洁白可爱。造成这个原因是因为新垦位于珠江入海口，咸淡水交界处。此地泥层肥厚属于沙质土，透气性好之余，水源和矿物质都丰富，因此长出来的莲藕特别肥大，当地人甚至称呼它为“藕瓜”，意思就是藕节大如瓜。若是没有了那藕节处的斑斑锈红及粗大如瓜的藕节，那也不是新垦藕了。同时，若是品质好的新垦藕，切开之后是必定会“藕断丝连”的。

据藕农所讲，新垦莲藕3月至4月上旬栽植，一般进入农历八月后开始采收，而且在不同时候采收的莲藕风味各异：夏秋采收的莲藕爽脆、味道甘甜清香；秋冬季节所收获的莲藕肥大丰满、松化、藕香浓郁。食莲藕也是当地的特色餐饮文化。据资料所载，生食莲藕可凉血止血，除热清胃；熟食莲藕可健脾补虚，养血生肌。当地人能把莲藕制作成近十种菜式，其中以莲藕汤、炒藕片、酿莲藕为主。

倘若要试真它的原味，莫过于“白焯”。尤其是秋冬的莲藕松化，最适合此法。而且，民间有句俗语叫作“女子三日不断藕，男子三日不断姜”，只因它可以破散瘀血，清热除烦，最适合经常坐空调房的女白领。若是将新垦藕汁兑开水饮用，一日两次，每次一小杯，还能解除酒醉引起的疲劳。

好的食材，销售的商家亦不少，在番禺清河市场便有得出售，品质好的约为每千克10元。

菜谱

1. 新垦藕煲蚝豉猪脷

新垦莲藕1000克、猪脷一条、蚝豉100克。首先将新垦莲藕去皮洗净，切段待用。用锅烧开水把猪脷飞水去“脷白”，然后捞起用清水冲洗一会待用。取瓦煲，根据饮用人数加入适量的水，蚝豉、猪脷、莲藕一同放入煲内同煲，大火煲滚后转文火煲约3小时。汤煲好后，捞起莲藕、猪脷，切片上碟便可。

①

2. 本地鸡蒸新垦藕粉

新垦莲藕1000克、本地鸡一只，红葱头适量。首先将新垦莲藕去皮，磨成藕蓉，用瓦钵或锑盆装；然后将本地鸡斩件，拌味后备用，藕粉加入调味料调味后，放入砵底，上层将鸡排放整齐，置开水锅大火蒸10分钟，然后取出瓦钵或锑盆放在煤气炉上，用小火收汁，撒上红葱头即可。

②

时蔬精品
——盐步“观音手指”

茄瓜形状有圆形、长形，而色泽有白色、紫色、黑色、青绿色等。在茄瓜这众多“兄弟”中有一种叫“盐步观音手指”的茄瓜，当数茄瓜族中的极品。此瓜又名“盐步秋茄”，产于南海盐步镇。

“盐步秋茄”有何不同呢？一般茄瓜都比较粗大，或者圆茄形，而“盐步秋茄”给人第一感觉青绿、色泽油润，尤其熟了之后的茄瓜皮色更是一绝——绿油油的，而普通的茄瓜熟了之后黑紫一色，在食欲方面，卖相的不足或许有些折扣。诚然，有好的食材那肯定离不开好的厨艺制作。茄瓜的烹制通常有红烧、煎酿、鱼香烧煮等为大众所钟爱的方法。“盐步秋茄”盛名已久，前往盐步品食这款美食真是享尽“天时地利”。到了“盐步秋茄”的家乡不妨到盐步老字号“兰苑酒店”品尝他们出品的传统制作“豉油王蒸秋茄”。蒸茄瓜相信好多人都有自己的经历，而这间酒店蒸“盐步秋茄”时，首先将茄瓜用洗米水浸泡之后才去蒸。因为洗米水能去除茄瓜表皮的涩味，所以蒸出来的茄瓜原汁原味、嫩滑和清甜，光就这“巧手”厨艺加之瓜中极品，也不枉专门跑一趟盐步试食。如果嫌盐步离家稍远，亦不妨到位于罗冲围的“松南大酒店”品尝其创新制作“花鳝蒸秋茄”。花黄鳝肉汁的鲜味加之秋茄嫩滑，简直天衣无逢。

说来话长，顾名思义“秋茄”，那什么时间为最佳“适时适食”呢？通常食“盐步秋茄”最佳季节为每年5月中旬至10月这个时段，而目前市场有得卖的街市当数清平市场量最多。在挑选茄瓜时要选些瓜蒂没有爆开的，形状及规格比较匀称的为上品，而且秋茄最好食的部位为瓜蒂下端，在加工时候千万不要处理掉，以免走宝。连蒂都这么好食，那“盐步秋茄”不愧为食材佳品。

菜谱

紫苏五花烧秋茄

①五花肉切成片，把紫苏叶洗净切碎加入肉中，并加入油、盐，酱油和一点白糖腌20分钟左右。

②秋茄洗净，去蒂。

③盘中备好盐水，把切好段的秋茄放入，以免氧化。

④热油锅，下姜片、蒜头、五花肉爆香。

⑤倒入秋茄一起炒匀。

⑥加入适量的水，再调入一点酱油和白糖炒匀，然后煮开后转中小火焖煮约10分钟至茄子软。

⑦最后试味，收汁，如果不够咸再调入一点盐即可。

适时共品大石慈姑

“不时不食”是老广饮食的精粹，时近冬至，应节的食材亦不少，诸如迟菜心、龙塘大芥菜、慈姑等等。讲起慈姑，由于它结子多，寓意着添丁生子的好意头，深得老广的喜爱，在喜庆筵席上绝不能少，就好比今日和大家分享的，有番禺大石“三宝”之称的大石慈姑。

慈姑又称为薯菇，主要分布在南方，北方的朋友可能不一定了解。慈姑为多年生草本植物，含丰富淀粉质，稍有苦

味，个头比马蹄稍大一点，外形呈长圆形，表皮白中带点淡褐色，头顶上有一个箭头状的小尖芽。

据村民介绍，大石慈姑在大石镇种植历史悠久，有古诗记曰："野人知我出门稀，男辍钽耰女下机。掘得茈菇炊正熟，一杯苦劝护寒归。"可见大石慈姑种植之源远流长。现在主要分布于大石镇沙溪、洛溪、大兴、东乡等村种植。大石慈姑栽种于低洼、肥沃的水田里，由于产地土质好，水质优，环境污染少，产出的慈姑比一般的慈姑要大，肉质细腻，外皮白色中带有光泽。慈姑是种在地下，长在水田的淤泥里，但肉却是白的，大有"出淤泥而不染"的味道，而且据闻它有很好的食疗效果。中医认为大石慈姑性味甘平，生津润肺，补中益气，对痨伤、咳喘等病有独特疗效，其富含的淀粉、蛋白质和多种维生素，对人体机能有调节促进作用。村民中亦有一流传百年的坊间食疗法，将鲜慈姑切碎，加上适量的冰糖和豆油煎煮，临睡前服用可治疗肺结核引起的咯血。

大石慈姑每年8月上旬种植，12月底至次年2月上市，想要购得大石慈姑的朋友，可到市桥清河市场便有得出售，价格约为4元500克。

菜谱

1. 慈姑烧肉

首先将五花肉切成方块状，慈姑洗净切开两边，慈姑记得要去尖芽，不然带苦味，然后肉块、慈姑同时下锅，加适量水，当大火煮滚后改用中火焖至水干，再加入老抽等炒至汤浓黏稠，即可上盘。

2. 慈姑饼

将慈姑洗净去皮磨碎、腊肉切粒、猪肉剁成肉滑。将所有材料连同鲮鱼滑放在一起搅拌，致起胶有弹性就行，然后慢火煎至两面金黄即可。

①

②

踏春时节品花生芽

时下很多人都追求食品健康，随着“药补不如食补”的健康饮食观念的日益普及，许多健康食材都备受市民追捧，譬如花生就是其中一种，其滋养补益，有助于延年益寿，所以民间又称“长生果”，并且和黄豆一样被誉为“植物肉”、“素中之荤”。不过不讲你不知，花生除了花生仁之外，原来它的芽亦一样营养又可口。春临大地，正是市民品尝花生芽之时。

花生芽外形酷似豆芽，洁白如玉，外观有“珠圆玉润”之感，比豆芽营养更好、口味更佳。据专家所说，花生芽里有一种花生仁里都少有的物质，它具有抑制癌细胞、降血脂、防治心血管疾病、延缓衰老等作用，保健价值很高。而且发芽还可以使花生仁中的蛋白质水解为氨基酸，易于人体吸收；油脂被转化为热量，脂肪含量大大降低，害怕肥胖的人也可以放心食用；与此同时，它富含维生素、钾、钙、铁、锌等矿物质及人体所需的各种氨基酸和微量元素，被誉为“万寿果芽”。

花生芽吃法多样，炒、凉拌、配菜等都很美味，食之香脆可口。花生芽的烹调方式亦非常丰富，如适合春天食的菜式就有“XO酱花生芽炒金钱糕”，亦可以用烧腩和花生芽搭配，一道“花生芽炒火腩”便是一个可酒可菜的最佳组合。花生芽在一般街市可能比较少见，而在菜蔬专业市场早市一般都有得供应，如果有时间的话，可以买回花生芽自己下厨，创意一番，不亦乐乎！

菜谱

1. XO酱花生芽炒金钱糕

用新鲜花生芽做主料，配以用纯米浆做的金钱糕，再加上香辣的XO酱一齐烹制。

2. 花生芽炒火腩

新鲜花生芽去除根须、外皮，用清水漂洗干净，切成寸段；之后把花生芽焯30秒左右捞出沥干；然后锅烧热倒入油，倒入花生芽大火和烧肉快炒，调味后即可上碟。

①

②

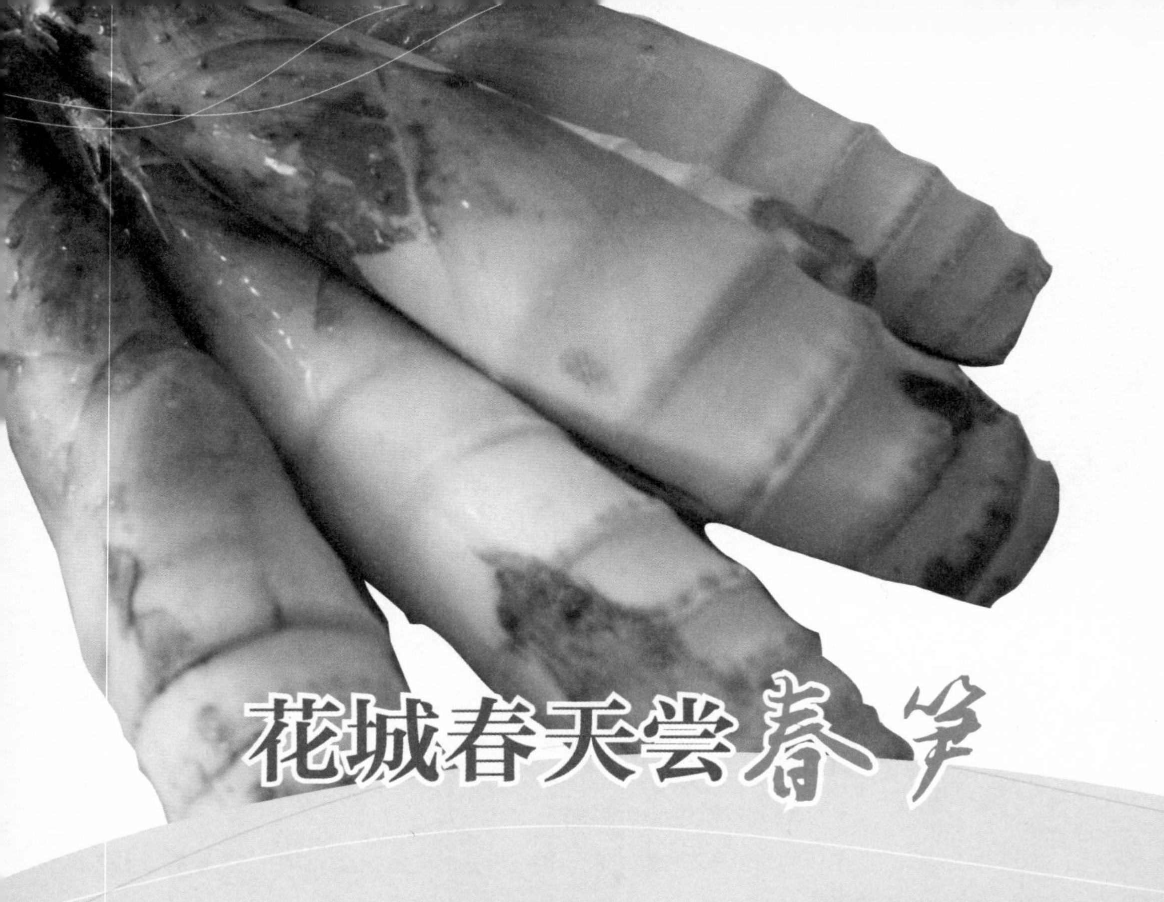

花城春天尝春笋

每年春天，春笋便顺应节气，破土而出，节节攀高。其笋体肥大，呈圆锥形，下宽上尖，由黄色的笋壳层层包裹，形似钻头，剥开笋壳便能窥见那白玉般色彩的笋肉，肉质鲜嫩、美味爽口。其实笋一年四季都有，不过唯有春笋的味道最佳，自古以来便备受人们喜爱，文人墨客和美食家对它赞叹不已，更有“尝鲜无不道春笋”之说，李商隐笔下就有“嫩箨香苞初出林，於陵论价重如金”的描述。

挖春笋最佳的时节为2月上旬至4月上旬，此时挖出的春笋最为鲜嫩，挖笋时不要伤害竹鞭、鞭根和鞭芽，挖笋后要立即覆土填平笋穴为来年新的笋芽提供土壤。

讲到笋，广东人比较忌所谓的“湿毒”，其实春笋味甘、微寒，无毒，具有清热化痰、益气和胃、治消渴、利水道、利膈爽胃等功效。它含有充足的水分、丰富的植物蛋白以及人体必需的营养成分，特别是纤维素含量很高，常食有帮助消化、防止便秘的功能。

要挑选出品质好的春笋，就要“四看”。首先是看笋壳，一般以嫩黄色为佳，因为未完全长出土层或刚长出的竹笋壳常为黄色，其笋肉特别鲜嫩。其次要看笋肉，颜色越白则越脆嫩，笋肉黄色者质量次之，绿色的则质量较差。再看笋节和笋体，鲜笋的节与节之间越是紧密，则其肉质也就越为细嫩。最后是看笋体，蔸大尾小的笋肉多壳少，且味道尤为脆甜鲜嫩。

春笋味道清淡鲜嫩，食法多样，素有“荤素百搭”的盛誉，它一经与各种肉类烹饪，就显得更加鲜美，炒、烧、煮、煨、炖等皆可。据一位大厨介绍，即使是一支很大的春笋，因各个部位鲜嫩程度不同，可分档食用，各具特色。如嫩头可用来炒食；中部可切成笋片，炒、焖或作为菜肴的配料；根部质地较老，可供煮、炖以及与肉类一起烹汤，还可放在坛中经发酵制成酸笋。

春笋一般的来源地在省内外都有，目前靓的春笋每千克16元左右，在清平市场早市一般都可以买到。

正所谓不时不食，春暖花开之日，正是品春笋之时！

菜谱

1. 咸肉雪里蕻煲笋尖

用笋尖加上腌好的咸肉，煲约15分钟后，再加入雪里蕻便大功告成。

2. 杭椒肉碎炒春笋

①里脊肉切成小碎丁，春笋汆水切片。
②锅内起油，五分熟下肉碎翻炒。
③翻炒一会，加春笋片，盐，杭椒，翻炒至熟即可。

踏青时节话蕨菜

“滑蕨”、“蕨勾”是蕨类植物（野菜的一种）还处于卷曲未展时的嫩叶，号称山菜之王，营养丰富，但因其有黏液，故又称“山鳝”。蕨菜多生长在山林下阴湿处，形如我们常见的铁蕨，但其叶稍有不同，其叶针羽状，一般株高达1米，根状长而横走，有黑褐色绒毛。据古医书所记载：具有清热、健胃、滑肠、降气、祛风、化痰等功效，可用于治疗发热、痢疾、黄疸、白带增多等。

每年春季采摘其嫩茎部分，可新鲜食用，也可晒成干菜存放。肇庆北岭山所产的滑蕨，无污染，品纯质好，清脆细嫩，滑润无筋，味道馨香。可焖、煮、蒸、煲汤、煲粥、作素菜包馅等。民间除以蕨菜作菜外，还以蕨菜干剪碎泡茶。其实早在三四千年前我们的祖先就有蕨菜的记载了。《诗经·陆玑疏》里说道：“蕨，山菜也。初生似蒜，紫茎黑色，可食如葵”，乡间称之为“清明菜”。此菜仿如玉簪，其尾弯卷成盘圆形，如琴鸟之尾，菜头如手筷。据说，此菜在每年三四月新生叶拳卷，呈三叉状。柄叶鲜嫩，上披白色绒毛，此时为采摘期。当地上嫩薹长至20～25厘米高，叶苞尚未展开时，齐根摘取。为防止基部老化，要沾着泥土装筐，筐底内预先铺上青草，以免挤烂底层蕨菜而引起变色，装满后再用青草覆盖，以避免阳光直射而加速纤维老化。菜为肉质植物，口感香脆，色泽红亮，在清明前两三天摘食是最佳时节，三黄四月，南粤大地乍寒乍暖，最容易“湿热”，通常容易犯感冒，取食此菜，最合时宜。蕨菜的制作不算十分复杂，切段，加上猪肉、荠菜、韭菜和之而炒，白、绿、灰色一碟，可口香滑！香中有点涩味，滑中有点浆感。细观清明菜，其实是滑蕨的叶芽。现在时尚食农家菜、绿色食物，什么马齿苋、假茼蒿等等都上了席。那有益健胃健身的清明菜怎会放过呢？

蕨菜不单只作蔬菜食用，其配菜的范畴亦很广，如蕨菜烧腩炒花甲肉，蕨菜滑而爽，加之烧腩肉的焦脆及油香，花甲肉鲜而有汁，可酒可菜，简直是一个“超正”的搭配。鲜食蕨菜固然美味，而蕨菜干煲汤亦是不错的选择，例如蕨菜干煲龙骨眉豆，是一道清热去湿的汤品。当鲜品一时两餐未能处理完毕，不妨去“潺”晒干，留作平时煲汤之用，亦都是一个上上之选。

菜谱

1. 蕨菜烧腩炒花甲肉

爆香烧腩，加上蕨菜同炒至八成熟，再加入花甲肉炒至熟即可。

①

2. 凉拌蕨菜

①蕨菜洗净，过水焯熟，晾凉备用。

②葱丝清水里泡片刻，去辣味。

③将蕨菜、葱姜丝、凉拌油及其他调味料拌匀即可。

夏日藕芽鲜

我们通常吃的莲藕，都是“成年”的，也就是支撑过花开花落的莲藕。而藕芽是刚从湖泥里探出头的荷的根茎，呈嫩黄白色，中间有管状小孔，折断后也有丝相连。细品之下，这藕芽不但鲜嫩，而且爽脆可口，细嚼时有粗纤维的感觉，但又不会有藕渣，淡淡的藕香在口腔中舒逸，果然是“笋嘢”，而且来头一点也不“嘢少”。据资料记载：“藕芽种者最易发。其芽，穿泥成白蒻，即蕾也。长者至丈余，五六月嫩时，没水取之，可作蔬茹。这道菜历代宫廷所无，为明宫首创。”藕芽一般在广东沿海都有出产，比如新垦、肇庆一带，而当中最好的当数洞庭湖藕塘出产的，因其水质相对适宜当地藕种的生长，而且水的深度比本地的藕塘要“深”。诚然好的食材价格也不一样，在广州批发价为每千克20元，近期在清平市场或黄沙市场都可以购得。

藕芽不仅好食，而且有很好的保健效用，据资料中称：“藕芽，性甘味美，能通气，能健脾和胃，养心安神，属于顺气佳品。藕芽入药可以止泻、止痛、散瘀、生肌。”步入夏天，大家的胃口可能因为天气的原因而变差，这时可以自制一杯冰凉的“话梅藕芽水”，酸酸甜甜，冰冰凉，夏日中午来一杯开胃解暑。先将藕芽去皮清洗干净，切片过水。话梅一袋，加冰糖，水煮开，小火再煮5分钟，晾凉，放入冰箱冰冻以后即可饮用。

好的食材，又怎少得烹调技法的配合，藕芽的烹调方法多样，可以上汤浸、蒜茸炒、冰镇，还有就是咸肉炒，清淡的藕芽融入了咸猪肉的咸甘味，咀嚼藕芽时使口腔中带有清淡而甘香的感觉。

①

菜谱

1. 藕芽炒北极贝

将藕芽洗净，去除表皮杂物，然后切段，放入淡盐水里浸泡，出水后即可锅上爆炒，七八成熟后加入北极贝一齐炒至熟透即可上碟。

②

2. 鲜吃藕芽

将藕芽洗净切段，用保鲜纸包好，放入冰箱速冻10分钟后取出，蘸上芥辣豉油即可食用。

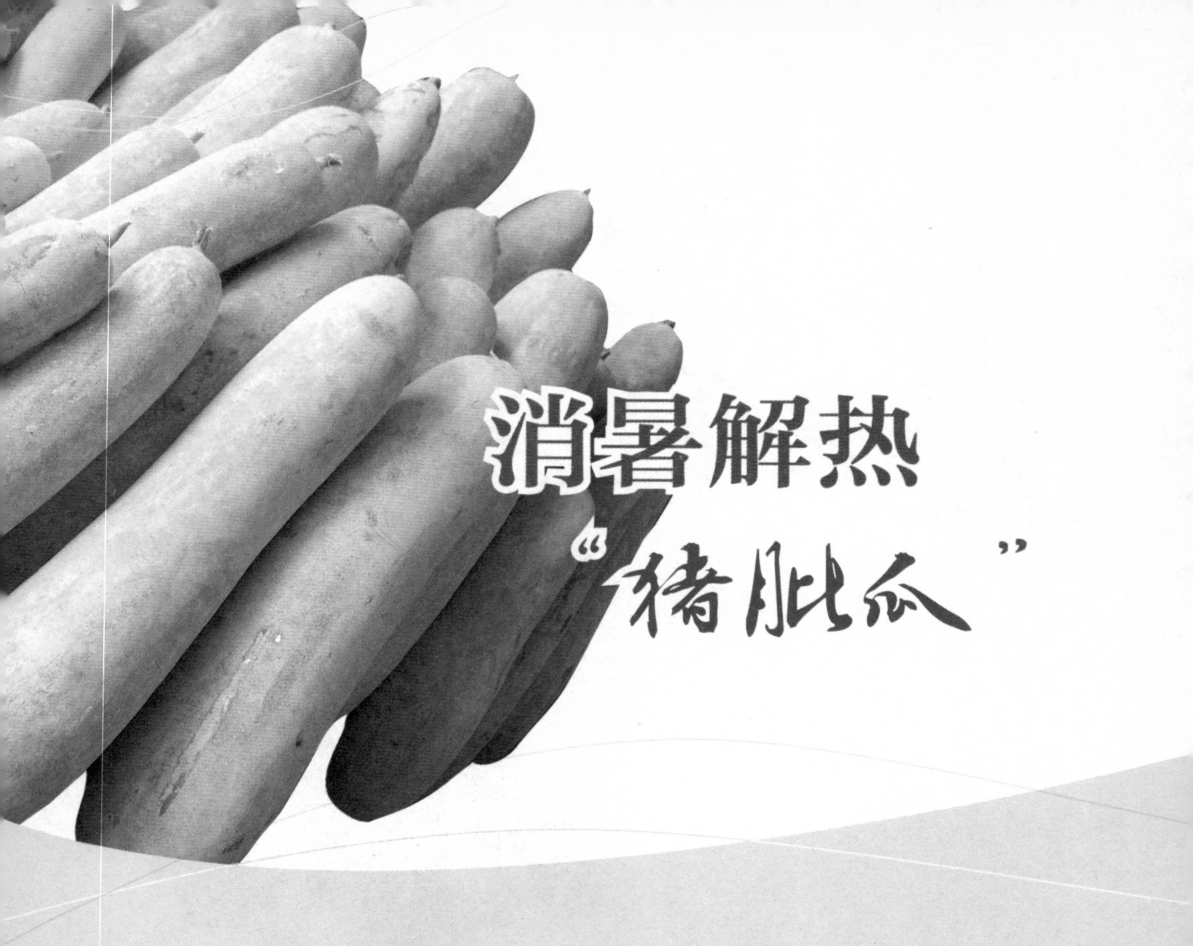

消暑解热“猪肶瓜”

炎炎夏日，有些什么好的食材可以消消暑呢？那就是冬瓜哪！讲起冬瓜可能大家都觉得没有什么特别。因为它在人们脑海里面，不外乎就是“圆头圆脑”而已，有甚者用来形容工作迟钝者一个雅号“成只冬瓜咁”！ 冬瓜价廉物美，而且冬瓜的品种有好多，因而成为市民餐桌必选品之一，譬如：黑皮冬瓜、白皮冬瓜、迷你冬瓜等，今天我就为大家介绍一下一位冬瓜家族的新成员——实心冬瓜“猪肶瓜”。

“猪肶瓜”产于南沙新垦，其单瓜重2~3千克，幼瓜皮青色，成熟后呈粉白色，瓜身比其他种类的冬瓜要来得苗条，且形似猪肶，因而得其名。据当地瓜农介绍，要种出品质好的“猪肶瓜”有两种方法，而且都比较讲究：苗期要40～50天，到3～4片真叶时必须定植。采用爬地栽培时，根瓜长到1～1.5千克重以前，控制水分，防止徒长，果实膨大后及时灌水，坚持小水轻灌，水不浸根。而搭架栽培时宜盘条压“茎”，将瓜坐落在地面上，使瓜以上的“茎”上架。“茎”上架后，每隔30厘米左右绑“茎”一次，结合绑“茎”，去掉侧枝、卷须和多余的雌花。当“茎”生长超过支架后，进行摘心，使养分主要供给果实的发育。这样种植出来的“猪肚瓜”产量更高，品质也更好，所以比日常空心冬瓜市场价格高少许。

讲了这么多，那究竟这个“猪肚瓜”有什么过人之处呢？这种冬瓜实心、肉厚、瓜肉白皙、籽少，煮久了也不容易糊。而且营养丰富，含有较多的蛋白质、糖以及维生素B_1、维生素B_2、维生素C等，其中维生素B_1可促使体内的淀粉、糖转化为热能，而不变成脂肪，所以有助减肥。据中医学资料所载，它味甘而性寒，有利尿消肿、清热解毒、清胃降火及消炎之功效。在炎热的夏季，如中暑烦渴，食用“猪肚瓜”能收到显著疗效。

“猪肚瓜”的食法有多样，焖炖蒸炒皆宜，是一种清热解暑的大众食材。

好的食材，商家一定不会错过，在番禺清河市场就可见得到它的身影，批发价大约1元/500克。大家不妨买一只回家，煲一煲祛湿汤，让燥热的身心都从这个炎炎夏日中解放出来，可谓一大乐事！

菜谱

1. 椒丝腐乳浸猪肚瓜

①将猪肚瓜洗净切片，沥净水分；红尖椒去蒂、籽，破开洗净，顶刀切丝。

②将腐乳及原汁搅成腐乳泥。

③落油，放入猪肚瓜，烹入绍酒，加入红椒丝、腐乳泥爆炒，之后加入鱼露、上汤，旺火爆炒约30秒，至熟即可。

①

2. 猪肚瓜炒咸肉

①咸肉先用清水浸泡半个小时，猪肚瓜切片。

②锅中放适量油，烧热后，放姜丝，出香味后，放入咸肉，迅速翻炒至变色后，盛出沥干油分。

③另起一锅放油，烧热猪肚瓜，加入炒好的咸肉，放料酒，加少量的盐，翻炒片刻，即可出锅盛出。

②

小楼乡村紫淮山

现代人讲求健康饮食的理念，但凡有营养的食材都无不受到追捧，尤其是五颜六色的果蔬更是大受欢迎。大自然为果蔬描上各种天然色彩，这些色彩不仅让人赏心悦目，还对人的健康极其有益。我们一向喜爱绿色红色食物，也深知黑色食物和苦味食物富含氨基酸，更益于身体。而近来市场上更是刮起了一阵“紫色旋风”，天然的紫色食物在自然界中是少数派。过去我们常见的紫色食物屈指可数，有紫米、紫皮葡萄、桑葚、紫卷心菜、紫茄子、紫色洋葱，但如今，连淮山都有紫色的了，而且已经逐渐端上了老百姓的餐桌。它就是来自小楼镇的紫淮山哪！

紫淮山也称“紫人参”，是薯蓣科淮山属草本蔓生性植物，因其肉紫色而得名。它块茎肥大，肉质柔滑，风味独特，色泽亮丽鲜美，营养丰富，口感佳，既可作保健药材，又可作餐桌上的佳肴。紫淮山的蛋白质含量和淀粉含量都很高，此外，还富含紫色果蔬独有的花青素，能帮助人体抵抗衰老，所以常吃紫淮山宜于皮肤保湿，还能促进细胞的新陈代谢。经常食用，不仅可以增加人体的抵抗力，降低血压、血糖、抗衰老益寿等，还有益于脾、肺、肾等功能，因此又有“蔬菜之王”之美誉。只要把一根肥大的块根圆柱状的紫淮山掰开，便可看到被淮山皮包裹着的紫色果肉，闻一闻便可闻到一股清香飘逸而出。

在小楼，每家农户，都会在稻谷田园一角种上几棵紫淮山。其叶片大如儿童手掌，藤子色泽紫绿，春天种植，秋天收获。藤条粗壮，枝蔓发达，等到紫淮山藤枝长到一定程度，农户便砍来长长的竹竿，插在紫淮山地里，让茂盛的藤条攀到竹竿上，顺着竹竿生长。到了秋天，紫淮山的叶片黄了，粗壮的藤条也随之枯萎，证明紫淮山可以开挖了。

据介绍，紫淮山一般在5月（初夏前后）播种。而在10月底至11月初采收上市。

紫淮山味道非常之好，催人食欲，用来做汤，紫淮山炖肉、紫淮山炖白菜等，确实是一道难得一吃的美味佳肴。现时小楼乡村里的紫淮山产地批发价为16元500克。在新塘喜连声酒家或小楼镇的野菜河鲜酒家就能品尝到。

菜谱

紫淮山煲排骨

排骨事先焯过洗净，紫淮山去皮切小块也焯烫一次，去掉上面的黏液，然后锅内放入排骨加入一定的水煮滚，之后和紫淮山一起转入锅中，煲一个半小时左右，放少许盐和调味料，即可出锅。

寻回那浓郁金山火蒜

好几年前在一次行业聚会上的一道“豉蒜”小食，至今仍记忆犹新，因为那诱人的个头，圆圆的、油光闪亮，好不令人垂涎欲滴。好的卖相固然诱人，而品尝之后才发现这种“豉蒜”的魅力是那么了得，离鼻不远处即闻阵阵的豉香，加之蒜头浸泡过豉油，特有的香味随之而来，细细品嚼，爽中微辣，咸淡适中，蒜香溢出。当然，好的食品、食材不能“漏网”，细探之下原来这么浓香的蒜头是来自侨乡开平的金山火蒜。

据资料所载，金山火蒜是侨乡开平市的特产，有一百多年历史，种植分布在长沙、水口镇一带，蒜粒特圆，肉肥衣薄，蒜味浓郁，每年10月种植，次年3月收获。为了方便运输和储存，收获后蒜头经剥衣修饰后，用谷壳、稻草堆火熏烤，致使蒜头的表皮形成棕黑色，俗称火蒜。又因其产地在金山一带，故名“金山火蒜”。它粒硕大，气味辛辣浓烈，久贮不坏，在当地除出品原粒蒜子外，还加工制成甜酸蒜头等产品出售。

金山火蒜蒜味辛辣，带强烈浓郁的特殊气味，具有较强杀菌能力，除了是烹饪的必备配料外，其药用价值也很高：它是细菌的“天敌”，所含大蒜素被誉为天然广谱抗生素，又是降脂的“良药”，深受餐饮同业的青睐。

金山火蒜生长期短，生长期130～140天，在2～3月上市。较同类蒜头早一个月收获。其柄细头大，蒜子颗粒分明，肉饱满，肉质淡黄带白，蒜素含量大，味香辛辣，油质浓。

金山火蒜之所以出名，在于它的“天生丽质”——蒜头比北方蒜头好，肉多、味辣、含油量高、微量元素丰富，制成火蒜后，肉质更香，深受食客欢迎。金山火蒜产期比北方蒜头要早，储藏时间又长，市场竞争力更强。每到清明前后，金山火蒜成熟期到了，当地农民收获金山火蒜的场景真可谓热火朝天。俗语说“不时不食”，春夏之际品食金山火蒜正合时宜。

蒜头是市民餐桌上不可缺少的香料或者副料，但都是按日常煮食的习惯来搭配。如果稍作调整组合，其实金山火蒜绝不只是做“绿叶”，有时也是主材中的“牡丹”，如“金山火蒜炆珍珠蚝干”，那便是最好的例子。金山火蒜除了开平本地街市有得应市外，在广州清平市场亦见其芳踪。

菜谱

金山火蒜炆珍珠蚝干

把金山火蒜去掉蒜衣后，用中温把蒜炸至金黄色后备用；珍珠蚝干浸透，去清杂质，加上两三件火腩作配料，材料组合比例约2：1即可。然后爆香姜茸、蒜茸，放入火腩、炸金山火蒜、珍珠蚝干略炒，加入淡汤浸至过面，焖约15分钟，调味后便成一道美味的菜肴。

英德来的浛洸芥菜心

在粤北浛洸镇土生土长的浛洸芥菜，省城的街坊可能知者不多，别看它在省城名气不大，在英德，它可是与声名显赫的“英德红茶”、“锦潭河鲜”合称为“英德三宝”呢。

据当地菜农的介绍，浛洸芥菜喜冷凉润湿，忌炎热干旱，要在寒冷的天气才能长得更好，如果遇到霜冻天气，芥菜的苦涩味道就会变得很微了，吃起来更加爽甜可口。浛洸镇种植芥菜历史悠久，碧水青山，空气清新，拥有得天独厚的无公害蔬菜种植优越条件，由于靠近连江河畔，土地肥沃，而且位于粤北地区，气候冷凉润湿、土地疏松肥沃、排灌良好，十分适宜芥菜的种植，当地农民或多或少都会种上浛洸芥菜。而经过多年的种植，当地的不少农民发现，原来种植时加入一些花生麸，芥菜生长得更好。一般是8月份播种，至11月收成，由于近期粤北地区处于霜冻天气，山区里的气温比起省城要低上四五摄氏度，因而现在的浛洸芥菜更加“淋甜”。

浛洸芥菜每棵高约70厘米，虽然与1米高的广宁龙塘芥菜相比，可谓是小朋友，叶子和茎也比广宁芥菜要细上一号，但浛洸芥菜也生长得颜色鲜绿、爽脆甘甜、菜味浓郁，富含多种维生素，具有清热明目的功效。尤其是其“芥菜心”更是精华之所在，因此与一般叶食的芥菜“兄弟”不同，我们吃滘洸芥菜就是要品吃它的“心”，从而成为餐桌上的一道美味佳肴。

民间有一句俗语“青菜豆腐保平安”，意思就是多吃青菜、豆制品，能保身体安康。劳动人民的智慧总是值得听一听的，而且经常饱尝山珍海味的现代人，烹制一道“滘洸芥菜煲豆腐”，偶尔回味一下青菜豆腐的简单生活，未尝不是件好事。

滘洸芥菜现在不单只在当地有售，在番禺新造镇谷围新邨对面的龙泉山庄也能发现其身影。现时它的价格亦不算贵，市面售价为每500克5元，只要细心留意，好的食材其实就在身边。

菜谱

1. 滘洸芥菜煲豆腐

将滘洸芥菜取“心”切成段清洗干净、豆腐切块待用；接着锅内添入高汤或适量的水，将豆腐放入，加入一匙盐，点火，烧汤水开锅；之后将芥菜加入，煮至豆腐蓬松变大，芥菜茎软熟，即可上台食用。

2. 白腊肉滘洸芥菜心

将白腊肉放入温水刮洗干净，切片；滘洸芥菜去皮取“心”洗净，切条待用；锅里加入适量的水，倒入腊肉煮至六成熟，然后放入芥菜，煲至腊肉和芥菜“淋透”，调味即可享用。

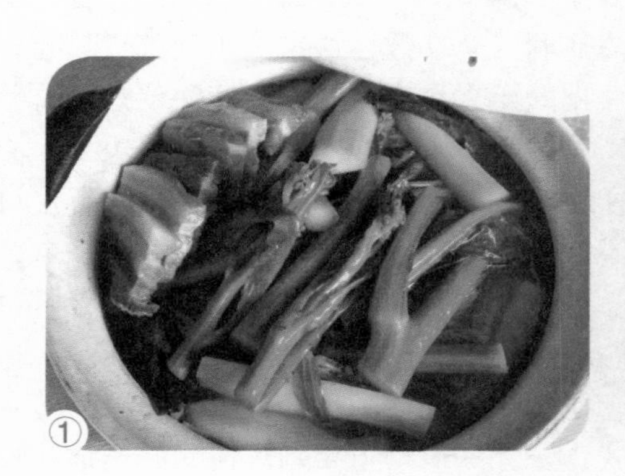
①

②

粤北山村竹芋香

讲起竹芋，可能在省城知者不多，而在韶关地区却是声名显赫。翻查资料可知，竹芋属竹芋科，为多年生草本植物，匍匐的根状茎上生长着肉质块茎，地上茎多分枝，高约1.5米。枝上叶多，有长而窄的叶鞘，椭圆形叶片大而开展，花少、白色、具短柄。而我们讲的“竹芋”是指其根茎部分肉质，它外形似竹笋，浅黄色，长5~7厘米，肉白色，富含淀粉，因此当地居民将未售出的竹芋绞碎后放水里洗，待白色粉沉淀后，再拿出来晒或烘干，加工成“竹芋粉”。 竹芋粉几乎全是淀粉。可用做汤、调味打芡、布丁和点心的增稠剂。特别适合做不能煮过头的牛奶蛋糊等食品。据中医书籍所载，竹芋性味甘、淡、凉，有清肺止咳、清热利尿之功效，通常用于治肺热咳嗽、膀胱湿热之小便涩痛。据闻始兴县有一坊间食疗法便是以竹芋粉煮糊，用以治疗小孩感冒、咳嗽。

种植竹芋对水分的要求十分讲究，当地种植户介绍说竹芋喜高温湿润气候，不耐霜雪。而始兴县的气候则非常适合，而且这里的土层深厚、排水良好且富含有机质的沙壤土尤宜竹芋的生长。每年1月份左右播种，年尾至第二年1月才收获。这时所挖出的竹芋淀粉含量最高，亦最为美味。制作竹芋的菜式，坊间亦流传多种款式，正如一道“竹芋剁肉饼”乃当地家喻户晓的地道特色农家菜，居民用自家的土猪肉，配上竹芋一起剁肉饼，口感清爽，味道鲜中带甜！

诚然，好的食材烹调方法当然多姿多彩，烹制竹芋亦都可以根据天气的变化而烹调出特色的菜式。正如近日天气比较寒冷，可以做一道“竹芋焖鸭”。竹芋除可以用来做菜之外，还可以用来煲汤或煲粥。天气干燥的时候，可以用竹芋煲粥，既清润又能健脾，而煲汤的款式更是多种，正如“竹芋煲咸筒骨”，可汤可菜。

品食竹芋现正当造，当地批发价约为每千克5元，好而不贵。正所谓不时不食，“为食”的你又怎么可以错过品尝竹芋独特风味的机会呢，在地铁三号线大石站花好月园酒家便可品尝到。

①

②

菜谱

1. 竹芋煲咸筒骨

竹芋1000克，筒骨500克，蜜枣一只，陈皮一块，精盐、味精少许。先将竹芋去外壳、洗净、斜刀切厚片备用，然后蜜枣洗净，筒骨用盐腌30分钟后，洗去表面的盐候用；陈皮浸软，刮去瓤，洗净；最后加入水（浸过咸筒骨表面）煲约1小时后，连同陈皮、竹芋、蜜枣文火煲30分钟即可食用。

2. 竹芋焖鸭

光鸭一只约1500克，竹芋、老姜、香料、蚝油、酱油、盐、鸡精、糖各适量。将买回来的光鸭洗净，斩大件，切掉肥油，竹芋切厚片；然后猛锅阴油，将鸭块煎至两面金黄盛起，另起油锅下姜爆香，接着再加入鸭块加水、香料大火焖10分钟转文火再焖30分钟，最后加竹芋、调味料，焖15分钟后便可大功告成。

自然的馈赠

农家滋味，地道乡货

干货篇

GanHuo Pian

陈年客家萝卜条

陈年萝卜条其实就是客家菜脯的一种，客家菜脯以其色鲜、肉脆、味香甜而闻名，常用来做开餐佐食开胃菜。客家菜脯，有人赞它香甜清脆，又有人誉它酥脆醇香，还有人说它令人谗涎，这种菜脯可以生吃，也可以切片配上牛肉、猪肉、豆腐煮熟吃。它生吃熟吃味道均佳，而且营养丰富，是素食者和健康饮食者的最佳选择。那陈年萝卜条和普通的客家菜脯有些什么不同呢？陈年萝卜条最特别之处就是外观黑亮，与一般黄色的萝卜干有明显的分别，在坛中取出便可闻到一阵阵的酱香味，而且口感松化，而卖相就黑中发亮。

“陈年萝卜条”愈老愈值钱，年份越久，作用越大，功效越好，具有清凉降火、增进食欲、帮助消化、消食去积、健脾化滞、排毒祛痘、润肠通便、滋阴补肾、降低血糖等作用，对于糖尿病、气喘、胆固醇过高、血糖过高、腹胀、便秘等均有良好的食疗奇效，民间有“赛人参”、“胃肠药”之说。陈年萝卜条的养生防疫效果在客家地区早已尽人皆知，也是入菜的好配料，如陈年萝卜条炖乌骨鸡、陈年萝卜条炖鸭、陈年萝卜条炖猪蹄、陈年萝卜条炖猪肚汤等等。

陈年萝卜条价格亦比较高，每坛重约2500克售价为180元，因此市面上很难找得到。而随着市民逐渐对陈年萝卜条的认知，市面上逐渐出现很多冒充年份悠久的陈年萝卜条，这些假品多半是在制作初期加入酱油或者红糖迅速催熟，市民购买的时候就要注意鉴别！

诚然，好食的食材有时间的话去远些的地方品尝都无妨，但如果在省城附近就有得品尝的话，那就太好啦！位于番禺新造立白洗衣粉厂旁的翠湖山庄搭配“陈年萝卜条蒸星洲红”，陈年萝卜那特有的酱香渗入鱼体，与鱼的鲜味交融，真是绝配，“正”！

菜谱

1. 陈年萝卜条炖乌骨鸡

①乌鸡去内脏洗净控干水分，姜切片备用。

②萝卜条洗净备用。

③砂锅中倒入足量水，放入乌鸡，煮沸后，撇去浮沫。

④再放入其他材料，转文火炖一个半小时。食用前，加入适量盐调味即可。

①

2. 陈年萝卜条蒸星洲红

萝卜条洗净铺在碟面，星洲红从腹部切开铺在萝卜条上同蒸。

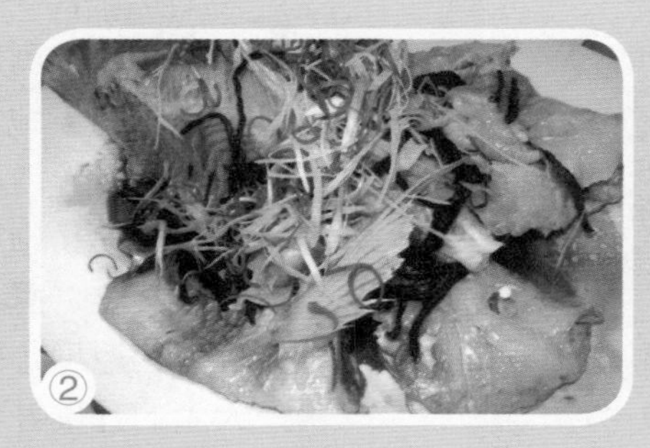
②

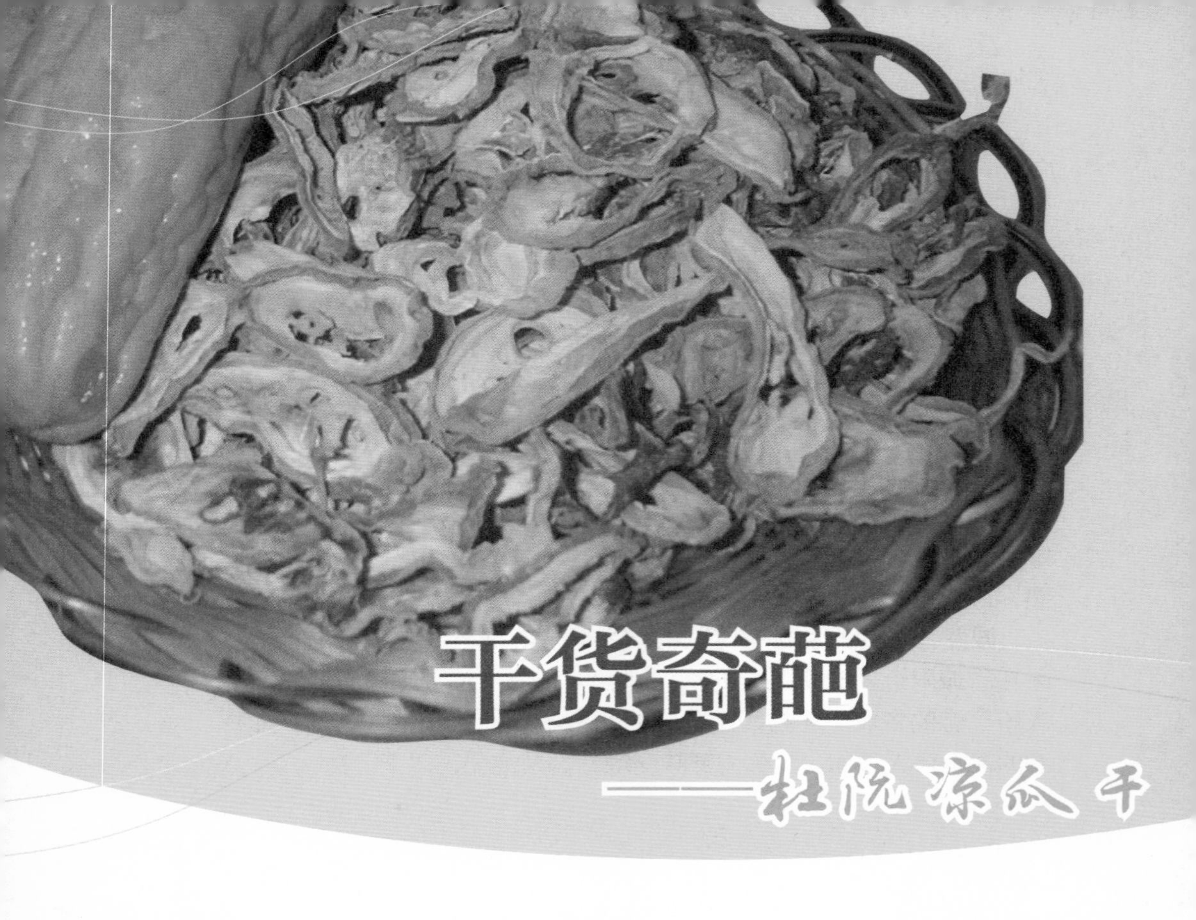

干货奇葩

——杜阮凉瓜干

驰名港澳的杜阮凉瓜以个头椭圆而刺肉突显最为标志，季节性特别强，通常夏天时食用最为适宜。由于产量受天气的影响，因而在天气好时，杜阮凉瓜长得特别快，故此，鲜卖的瓜一下子难以完全销售完毕，而时间长就会发黄变烂，因此瓜农就将凉瓜洗净切片晒干成干片出售，既保证了凉瓜的原味不会丧失，并且更加卖个好价钱，送礼自用，一举两得。凉瓜干以青边、肉白、片薄、种子小为佳品。

杜阮凉瓜不但在五邑地区风行，远至香港、澳门的食客都会在夏秋之时到农场，一品个中滋味，走时会带上一些凉瓜干手信。杜阮当地人喜欢将新鲜的凉瓜切片白焯蘸砂糖吃。杜阮凉瓜以脆嫩无渣著称，白焯的话一入口时确实有点苦味，但有砂糖拌食，又别有一番风味。新鲜的凉瓜烹制可谓花款多多，什么炒、炆、煮、炸等等不一而列，但凉瓜干的制作范围稍为会窄些。凉瓜干的最佳烹调搭配就是黄豆。尤其用作炖汤那真是天生的孖宝好食材。在当今追求健美的人士来讲，有些小贴士，可以同大家分享的：先将新鲜杜阮凉瓜去内瓤，切件榨汁，而黄豆浸泡至软，然后用榨汁机打成豆浆，再加上凉瓜汁、砂糖，那真是一款非常健康的夏日饮品。

杜阮凉瓜干与其他产地的凉瓜干不同之处是炖出来的汤比较“醇厚”，因而在烹制搭配方面亦有讲究，如“杜阮凉瓜干淡菜炖脊骨鸡脚”，炖足4小时，出来的汤色浅金黄色，汤香而浓。而“凉瓜干蒸番鸭肉”又别有一番风味，凉瓜干浸透后，压干水分，去除杂质，与番鸭一起蒸，那真是一道很有创意的菜式，凉瓜干吸收了鸭肉的鲜甜，略带少许苦味，嚼后很有味道。

杜阮凉瓜干在一德路干货市场就有得卖，价格不算很贵，比较适中。而在花都迎宾大道富煌山庄的杜阮凉瓜干宴，亦非常有特色，如凉瓜干炖蚝豉汤、凉瓜汤丸、冰镇凉瓜等等，如需要假手于人，不妨一试，“苦中作乐，先苦后甜”，是杜阮凉瓜干的“君子菜”写照。

菜谱

1. 杜阮凉瓜干淡菜炖脊骨鸡脚

①凉瓜干、淡菜洗净。

②脊骨、鸡脚“飞水”洗净摆入砂锅中，加入凉瓜干、淡菜，注入适量的冷水，水开后大火煲20分钟转至小火煨1小时，按个人口味调入盐即可。

2. 凉瓜干蒸番鸭肉

①凉瓜干浸水控干水分。

②鸭肉切片，加料酒拌匀略腌，再加入凉瓜干、放碟上蒸熟。

③烧锅下油，爆香姜米，调入蚝油、老抽、白糖、麻油、胡椒粉，加入蒸汁烧滚，用湿生粉推芡，浇在鸭面上即成。

莞乡东坑“荫菜干”

“荫菜”是将耙齿萝卜采用阴干（风干）的方法制成，是一种极补之物，东坑人有云“荫菜此物，珍贵无比，参茸不易也”。一代一代流传下来的健康食谱“荫菜牛腒汤”有去肝火、益肺养颜的疗效，当地人还常用来医治小孩的百日咳。

种植耙齿萝卜和制作荫菜，在东坑已有数百年的历史。这有赖于这里有特别适合耙齿萝卜生长的土质，当地农民称这样的地为“龙气地”。耙齿萝卜有很强的生命力，不用经常施肥，也不需常淋水，它会往地底下深深地扎根、生长。耙齿萝卜一年一造，每年在农历七月十四日下种，种植的时间大约需要60天，农历九月是收割耙齿萝卜的季节。来到耕地，眼下的深秋时节正是收耙齿萝卜制作荫菜的季节，菜农将耙齿萝卜逐棵逐棵地从地里拔出来，然后割去绿叶的部分，剩下的全身白色，形如人参模样的根部就是耙齿萝卜了。

把收成的耙齿萝卜铺在地面上，在太阳底

下晒上一天，去其水分，然后用竹篾把耙齿萝卜串起来，一圈圈、一串串地吊挂在阳光晒不到的屋檐下，采用“阴干”之术，让干燥阴冷的秋风，慢慢地将耙齿菜中的水分全部抽干，让它内在的营养精华浓缩后存储下来。阴干的时间大约需要两个月，深秋之际，风高物燥，天气晴朗，是最佳的阴干气候。经过两个月的阴干后，原来胀鼓鼓、细长的耙齿萝卜体形变小了，重量也变轻了，颜色从白色变成了赤黄色，而且阴干的时间越久，其颜色也就越深，犹如松根一般，状似人参，加之是一种极补之物，因而当地人将荫菜美名为“东坑人参”。硬邦邦的手感，要用力才能把它折断。放置在鼻子前嗅一嗅，荫菜散发着一股浓郁的萝卜干香气。阴干之后，荫菜就得收藏起来，用瓦缸装盛着。需要用时，就从缸里拿出几根。据说，保存得当的荫菜可达数十载之久，而且药用价值也呈阶梯式增长，价钱也越高。

传统的“荫菜牛腰汤”味道咸淡适宜，甘香无比，清甜润喉，既有着萝卜干的鲜香，又有着牛肉的香味，让人回味无穷。经过煲煮后的荫菜干蘸上一点豉油，口感十分特别，而且还留着一点与众不同的甘香。荫菜虽不是名贵之品，但有其出彩的特点，恐怕这个就是深受大众喜爱的原因。

菜谱

荫菜牛腰汤

新鲜牛腰肉250克，荫菜两三条，黄豆少许，老姜几片，两只蚝豉。

加入适量的清水后，用砂煲文火熬约两小时，至清香袭人时，汤水就可饮用了。

来自侨乡的台山金蚝

进入秋冬季节，是食蚝的好时节，因为此时的蚝最为肥美。而来自侨乡五邑的台山生蚝更是上品之一，用台山蚝生晒的金蚝是蚝豉中的极品。

这台山蚝之所以闻名遐迩，皆因其肉营养丰富，富含蛋白质、脂肪、多种维生素及矿物质等营养成分。台山蚝身白，饱满，入口无杂质，用来佐膳，无论清蒸、酥炸或是生炒，其肉味都颇为鲜美，爽脆润滑，百食不腻。目前，台山养蚝主要分布在镇海湾一带，由于这一带水质好，无污染，十分适合养蚝，因此出产的蚝肉质白净、鲜美。

金蚝的含义有两层，一层意思是台山蚝豉均呈金黄色，金光闪闪，光润发亮，体态饱满，状如金元宝一般，价值不菲；第二层意思是台山蚝的市场价格比一般蚝高出一大截，价格可观，养殖台山蚝如淘金捡金、得益匪浅。因此，台山及周边的人都习惯地称台山蚝为金蚝。

台山蚝豉有鲜干（生晒）和熟干两种。每年农历冬至前后收的蚝，除部分以鲜蚝上市外，多制成生晒蚝。金蚝是精选新鲜150克重以上的蚝王，在烈日下晾晒多时制作而成的。蚝王晒过之后重量剧减，由150克重一个变成三个50克重，损耗之大可想而知。晒出来的金蚝蚝肚结实，色泽金黄。而次年农历二月前后采的蚝多用于制成熟蚝。首先将鲜蚝倒进大锅内煮十多分钟，捞起，晾晒之后成为蚝豉。其又分淡煮和咸煮两种。

金蚝肥嫩鲜美，富含蛋白质及锌，据老中医介绍对小儿缺锌厌食症可作辅助治疗，且有益气补肾的功效，对身体虚弱、盗汗心悸有很好的疗效。

金蚝的食法多姿多彩，如煎、炒、扣、焖、煲等，都是常见的烹调方法。由于金蚝是取150克以上最肥美的鲜蚝加工而成，吃时虽感肥美但不觉肥腻。时下很多大酒楼都采用“堂煎”的烹调方法制作，既能迫去蚝本身的肥腻，又能起到个性化的厨师服务，一举两得。如要品尝个中“肥美”，不妨前往海印桥脚“炳胜酒家”或番禺迎宾路“长隆酒店”，就可领略蚝王的美味。

金蚝制作的菜式除了好食还非常“好意头”，如“蚝豉大利”、“生财蚝豉”等等。靓金蚝在市场并不多，要到专业的厂家或店家才能购得货真价实的好货，如番禺石碁高氏食品厂销售部、一德路海味街都能买到你心仪的金蚝。

菜谱

1. 金蚝焖猪肚

猪肚煮熟切厚片，冬菇、猪肚、金蚝爆香，再加入二汤，调味后小火烧焖至猪肚酥烂入味，勾芡，撒入胡椒粉、葱段即成。

2. 发菜蚝豉炖猪手

①将发菜用清水浸软，滴下数滴生油，用筷子将发菜略搅，使杂质黏附浮油上，以便拣去，洗净。

②清水将金蚝浸开，洗干净；姜，大蒜去皮拍扁；葱洗干净切大段。

③将猪手烧刮干净，开边斩块，放入清水中，加葱和姜氽过，再用清水冲去血水后，沥干水分；将干净的发菜、金蚝，分别放入开水中氽过。

④姜，大蒜去皮拍扁；葱洗干净切大段；

⑤水滚半小时再放金蚝、发菜一起再炖1小时左右，至锅中汤浓汁厚，猪脚呈红亮颜色，即可。

粤西罗定镜菜心

中国几千年的饮食文化，不仅体现在烹调技法上，而且在食材的储存上亦得以体现，比如驰名中外的金华火腿、甘香味美的腊味、风味独特的梅菜等等，不一而足。讲到梅菜，绍兴梅菜、惠州梅菜都是大家非常熟悉的，不过还有一款历史悠久的梅菜大家可能不是那么熟悉，那就是来自粤西罗定的“镜菜心”啦！

罗镜梅菜，是岭南三大名菜之一，据闻迄今已有500多年历史，以清甜爽口、风味独特、肉厚爽脆、芳香浓郁而闻名。罗定镜菜心外形与普通芥菜所制成的梅菜相似，不同的是芥菜茎扁平，梅菜茎略圆，中间凹陷，一棵梅菜可长达40多厘米，色泽金黄，手感柔软。

镜菜心有良好的消滞祛湿，促进消化等治疗保健功能。其性不寒、不热、不湿、不躁，含有十多种对人体有益的氨基酸、微量元素及多种维生素。由于含有丰富的膳食纤维，它与鱼肉类食物蒸煮时，味道特别可口，不油腻、不滞胃。流传几百年的镜菜心扣肉、镜菜心肉饼等传统菜式，至今仍广受欢迎。用镜菜心做汤，能消暑清热，是很好的佐食佳品。镜菜心蒸猪肉、镜菜心炖鱼、素炒镜菜心都是风味独特的菜式。

镜菜心腌制的方法是当菜收成后，村妇摘下菜心，晾挂几天。待叶子变软时，放进盆里，撒上盐，用手揉搓，待渗出一些汁液时，便装入陶瓮，每码放一层撒一层盐，装满后用芥菜叶或竹笋壳把瓮口封严。过了20天左右，取出晒干，便成了色泽金黄，咸酸味甘的“镜菜心”。

好的食材，价格多少都会有点儿贵，每箱2500克重的罗定镜菜心，售价约为30元。

菜谱

罗定镜菜心焖红衫鱼

原料：红衫鱼2条，罗定镜菜心150克、葱段少许。先将红衫鱼处理好洗净后，置于碟子上备用，镜菜心洗净、沥干、切碎，与葱段一起拌匀后备用。烧红铁锅，落油，将罗定镜菜心和葱段爆香。放入红衫鱼，分次加水慢火焖煮，加入调味料，注意不可乱翻动，否则鱼肉会松散。鱼熟后上碟，淋上镜菜心及葱段即可。

侨乡台城 鸡爪芋干

鸡爪芋是台山的土特产之一，多产于冲蒌、四九、水步等地，于清光绪十九年（1893）修的《新宁县志》已有记载，可见其在台山已有较长历史了。鸡爪芋，顾名思义，其形似鸡爪。鸡爪芋又称番芋、魔芋，属多年生宿根植物，它茎根硕大，旁边多长有小茎根，一个芋头，周围有弯长的芋仔，一般重量有1000～2000克。鸡爪芋是生长期较长的作物，农历正月，农户便把鸡爪籽种下田里，年底才收获。新鲜鸡爪芋应节时大约卖两个月左右，而大量未卖出的，大多用来切片晒干，2500克新鲜鸡爪芋可晒成500克干鸡爪芋件销售，并且方便携带。鸡爪芋虽其貌不扬，但对健身治病效果很好，当地人称之为“本地人参”。其性微温，味微甘，有小毒。有的人食后轻微喉咙痒，有的人则没有这种感觉。据一些有名的老中医介绍，常食鸡爪芋可使人开胃健脾，对盗汗、习惯性便秘、胃下垂、慢性肝炎、腰痛等病患者和体弱身衰，病后欠补的人，长期食鸡爪芋有一定辅助疗效。无病食之，能增强身体抵抗力，补气补血；有病食之也能促进身体新陈代谢。鸡爪芋不但芋的功效这么了得，其叶和茎亦都非同凡响，洗净晒干备用，煎服可解劳倦，消食滞饱胀。

新鲜的鸡爪芋固然“好嘢”，而晒干的鸡爪芋亦“唔错”。鸡爪芋在烹制上主要用于汤料较多，因为其他制作方法未能更好地突显鸡爪芋的特性，根据当地村民多年来总结的经验，用其煲汤是大热天时解暑的上品之选。讲到汤水，广东人可谓无汤不欢，而一道够火候、用料足的汤水更加令人趋之若鹜。正如，鸡爪芋干煲龙骨凤爪，便是不错的选择，如果你有时间的话，不妨去街市买些材料回来一“煲”试之。鸡爪芋片除了在台城的周边地区可以买到之外，在广州清平药材批发市场也有得卖，当造新鲜鸡爪芋3元/500克，鸡爪芋干15元/500克。

菜谱

1. 塘虱黑豆煲鸡爪芋

塘虱去除内脏、鱼鳃等，洗净后放入煲，再加入黑豆、鸡爪芋，适量的水，用文火煲熟，调味即可。

2. 鸡爪芋干煲龙骨凤爪

龙骨500克，鸡爪芋干200克，新鲜凤爪四对，蜜枣两粒，水量根据饮用人数而定。汤料入煲，猛火煲滚后，撇去浮泡，转为慢火煲3小时，即可调味饮用。

②

粤西乡间狗爪豆干

狗爪豆，在坊间又称狗仔豆和猫豆，多为野生。新鲜的豆荚长约8～10厘米，豆荚外身颜色为暗淡的草绿色，长满细细的灰色柔毛，大概是因为长得比较像狗爪而得“狗爪豆”之名。据粤西当地一位老村民的回忆，往昔因生活清贫，时常上山采摘狗爪豆用作餐桌上的菜。烹制前，需将狗爪豆用水煮过，然后将豆掰开两半，如老的狗爪豆则要去其荚内的一层硬衣。由于狗爪豆含有特殊物质，必须用清水浸泡方可煮食，否则的话食后可能会导致头晕。

据书籍所载，狗爪豆有温中止痛、强筋壮骨、护肾和排毒的功效。狗爪豆很高产，一棵就能收几大箩筐，而且一般都要到中秋前后才上市。当地村民都将一部分的狗爪豆晒干，把漂过的豆荚，让阳光暴晒干，一来吃不完，晒干后可以保存很久，二来更是能随时都能食得到，真可谓一举两得。晒干后的狗爪豆外表呈黄褐色。

讲起狗爪豆的烹制方法其实很简单，不过要记住狗爪豆和其他蔬菜不同，采摘下来不能马上用来烹制。因为它外边包裹着一层厚厚的毛壳，要用开水烫熟，剥开毛壳，露出粉厚的豆荚。就算把外壳扒开了，但这时候，还不能马上吃，记得还要用清水浸一两天。用清水漂过的狗爪豆，用豉汁、蒜蓉、花生油炒香了，粉粉的，糯糯的，有股淡淡的清香。干货狗爪豆则可以用来煲汤补一补肾。用狗爪豆干煲猪骨，汤里看不见油星的，因为狗爪豆“很瘦”，很“削”油，相信减肥人士都爱吃它。如果想吃得“野味”一点的，用干货狗爪豆来炆鹅也是不错的选择。若觉得自已烹制要浸水较麻烦，在番禺沙溪的一间食肆就可以品尝到。

干货狗爪豆在一些大型的粤西土特产店有售，售价约为32元500克。

菜谱

土猪肉炒狗爪豆

把狗爪豆干浸泡透了，清洗后，切成3厘米左右长段。然后把五花肉切薄片，接着下盐，下蒜蓉，把狗爪豆倒下去，继续炒香便大功告成。

自　然　的　馈　赠

飘香豆味，舌尖诱惑

豆制品篇

DouZhiPin Pian

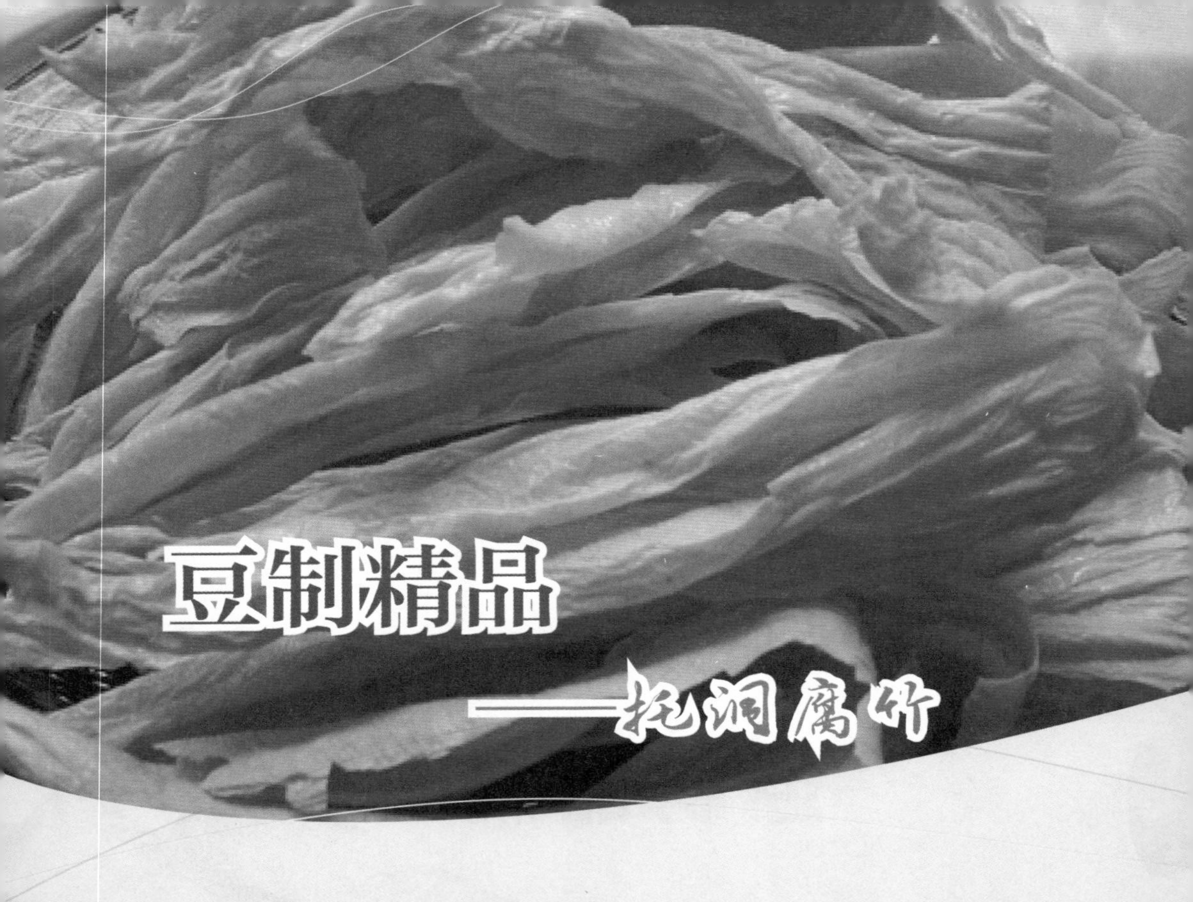

豆制精品

——托洞腐竹

“腐竹”又有人称之为“枝竹”，因其形似竹枝状而得名。腐竹，乃低脂肪高蛋白质的健康食品，其色泽油亮，体薄而脆，入口韧滑而爽，营养丰富，易于消化，故受大众喜爱。讲起腐竹，在街市比较常见的有广西腐竹、清远源潭腐竹、三边腐竹、云浮托洞腐竹，当中最为“矜贵”的当数“托洞腐竹”。何为矜贵？皆因制作托洞腐竹从水及原材料到成品都是用最环保的工艺制作，而质量绝对顶级之作。并且生产不能大批量，不同一般枝竹要量而忽略了质，故而有天渊之别。目前街市有些档口卖的腐竹色泽金黄坚硬，折断时中间有“骨”，这样的腐竹要慎重购买，以确保食用健康。

“托洞腐竹”产于素有石城之称的云浮市云安县石城镇托洞。托洞腐竹之所以久负盛名，皆因其原材料和传统的制作与其他腐竹制作不一样。制作时采用当地大云雾山下土生土长的黄豆或小青豆（黄豆的一种）作为主要原料，并且采集来自大云雾山山泉水制作，整个制作流程均不添加任何材料，所有工艺过程都是基于物理反应所致。

先是煮沸豆浆然后熄火，待豆浆表面平静、冷却，渐渐地结出一层淡黄色的“皮”，这皮即腐皮。挑起晾晒在竹竿上，直至风干，即成可口的腐竹。存放成品腐竹要放在通风干爽处。潮湿的地方最好不要存放，因为会影响腐竹的质量，如果时间长的话会变质。好的食材不一定要大厨师出场，即使一般家庭亦都可制作出一道道美味可口的菜肴。譬如，用温水将干的腐竹浸开后，姜葱起锅烧开水焯熟后蘸豉油食，入口绵滑、豆味浓郁；又或者加入猪小肚、白果一齐煲上三个小时，一煲香甜淳厚的靓汤令你大饱口福。托洞腐竹不只是黄豆制成“玉黄”的腐竹，还有用黑豆做的“黑豆腐竹”，真是一门双杰。当然，家厨毕竟是家中小厨而已，与东晓南路“顺景酒家”厨师烹制的“双丸浸托洞腐竹”，又或者新广从路“竹庄酒家”的“土猪蒸腐竹”还是有一定的厨艺差距，有机会可与大厨一同切磋厨艺，共同探讨“托洞腐竹”的烹制亦不失为一个好主意。但你勿忘了买“托洞腐竹”的地方，去位于天河正佳广场三楼一间广东土特产店就可以购得你的“心头好”。

菜谱

1. 金银蒜虾米蒸腐竹

材料：虾米，蒜头，鸡粉，糖，盐，油。

金银蒜做法：

①虾米洗干净并以清水浸片刻，沥干后，剁碎备用。

②蒜头剁碎，以糖、盐、鸡粉拌匀，加入虾米碎，制成生蒜碎。

③取一半制成生蒜碎，热油锅将其爆香，制成熟蒜碎。

④熟蒜碎与余下的另一半生蒜碎拌匀，则为金银蒜。

菜式制作：

①腐竹事先浸软，切成长方形状，整齐地铺满碟子。

②蒸虾的时候要先将虾头的壳剥开，因为虾受热时会收缩，虾汁流出，如果虾头的壳不剥掉的话，鲜浓的虾汁会被虾壳包住，无法全部流到腐竹上。

③把虾米排在腐竹上面，将金银蒜均匀洒在腐竹和鲜虾上，隔水蒸8分钟至虾熟透即可。

2. 双丸浸托洞腐竹

①香菇洗净，切成条备用。

②腐竹提前泡好并切成段。

③猪肉丸、牛丸和姜蓉直接下锅与开水一起煮开。

④约煮5分钟后可以加入提前泡好并切成段的腐竹一起煮开。

⑤后加入香菇一起再次煮开后，小火再煮约3～5分钟。

⑥加入盐调味。

⑦出锅前下点香菜和葱花，滴几滴香油即可。

来自清远的“水鬼重豆腐”

讲起豆腐，相信很多人就会想起享誉省港的“东江豆腐煲”、“客家酿豆腐”，更远者为川菜代表作的“麻婆豆腐”。豆腐是豆类制品中最受普罗大众欢迎的品种，并是家常菜肴的主角之一，在远古时代更有刘安发明豆腐的故事流于坊间，可见豆腐的“功力”是多么深厚。

要做好豆腐并非易事，个中要领其实不过是水和黄豆罢了。首先是水质，水是制豆腐的“主料”之一，再配合靓的黄豆，黄豆种类以山东黄豆最为上品，最后以多道工序制作而成。当然，要追溯造豆腐的技术可谓源远流长，但位于清新县浸潭、石潭民间豆腐制作技术则是独树一帜，连名字都是怪吓人的，它就是“水鬼重豆腐”啦！豆腐就是豆腐，为什么叫“水鬼重”呢？说来话长，“水鬼重豆腐”是清远清新县浸潭、石潭历史悠久的民间食材，是豆腐中的佼佼者。相信去过浸潭或石潭的人都知道，那里山清水秀，水源含有丰富的矿物质，特别制豆腐的钙非常丰富。含钙的山泉水加优质的农家小黄豆，经过传统的制作工艺，磨制出来的豆腐嫩滑，最具豆味。“水鬼重豆腐”在外表看来严格地讲不是豆腐，是一件炸过的素食材料。为什么“水鬼重豆腐”要炸过呢？师傅在豆腐制成后，用土榨花生油炸至金黄色，既使“水鬼重豆腐”的表面金黄、香韧又保持水分，使豆腐内里香滑宜人。正因为有这样的窍门，因此必须将炸过的“水鬼重豆腐”放入山水中浸泡销售。这一浸，豆腐的重量就会增加，像“水鬼”一样重，久而久之，当地的村民昵称这种豆腐为“水鬼重豆腐”。

“水鬼重豆腐”这种食材在烹调上比普通豆腐的制作要讲究得多，因为处理不好，就会失去“水鬼重”的特色，因而在烹制“水鬼重”的菜式中，多以红炆或者炖为主。假若用其他烹调方法的话，“水鬼重”会逊色不少，烹制恰当的话，吃起来就外面香，里面滑，且香味自然而浓郁，既嫩滑又不失口感。豆腐是健康食材的首选之物，好似海印桥脚的“炳胜酒家”做的“清鸡汤蟹籽煮水鬼重”，那是仲夏特选的菜式之一。当然，在烹制期搭配一些原味肉类不失为一个更好的选择。

“水鬼重豆腐”在省城一般的街市是很难一睹芳容的。如需购买可以通过豆类供应商用车在石潭或浸潭采购，或者有时间的话自驾车游至清远一尝驰名中外的“清远鸡”及来一道豆味浓郁的“水鬼重豆腐”，那就不枉此行啦！

菜谱

清鸡汤蟹籽煮水鬼重

①鸡汤倒入锅中，中火煮开。

②放入蟹籽，加盖煮片刻，至蟹籽熟。

③最后放入水鬼重豆腐，煮滚后加盐调味即可。

阳山乡村大豆腐

阳山豆腐之所以称之为大豆腐，原来是因为它一“砖”竟重约500克，难怪其有“大豆腐”之称。而现在因为方便油炸的关系，将其一开二，每“砖”亦重250克。据服务员介绍，“阳山大豆腐”是由英德张龙溪后代迁徙至阳山小乡村时，将其制作豆腐的技术一起传入阳山，这种豆腐色泽金黄、四面圆转、口感嫩滑且有久煮不烂的特点。

阳山大豆腐无论在用料上还是在制作工艺方面均非常讲究，在许多细节上与众不同，而且阳山山泉洁净，因而制作出来的豆腐特别嫩滑、鲜美。制作时，为了使豆腐成型，用一种名叫“盐卤”的材料，以保证口感的嫩滑。前期工序与一般的豆腐没什么区别。接着是“撞豆腐”：把豆浆倒入大木房（桶）内，一边加盐卤一边用一根木条不停地搅动。盐卤不可多加，多则豆腐易“老”，不嫩滑，而且最后炸不成圆角，少则会使豆腐块滴水，油炸不透。这个“搅”也挺讲究，搅多了则豆腐不能成块状，变成水了，搅少了也不成。搅完后用布罩住木桶边缘约30分钟，这个时候就可以把豆浆倒入纱布内，用纱布覆盖其上的豆腐架后，把纱布盖在豆腐花上，再搬上石块压住。待豆腐架内不再有水滴落，即进行“反格”：将整块豆腐迅速地反过来倒置，按照压出来的纹路逐行切成一块块的豆腐，是为水豆腐。豆腐块压干水分后，将刚才煮豆浆烧过的灰烬放入豆腐格的底部撒匀，然后在灰上盖上纱布，把水豆腐轻轻地摊在布面上，此步骤之目的在于又自然又快地抽去豆腐里的水分，而且不会影响到豆腐的口感。豆腐水分干至一定程度，即进行最后一道工序——油炸，这也是最为重要的一道工序，稍为不慎则前功尽弃。油炸时的火候要掌握得恰到好处，火小则影响色泽，猛火则易焦。油炸时并非一炸到底，而是分为几个步骤：下油锅炸一会儿，而后捞起放至微凉，再炸，再捞起，放凉，这样反复六次，才算是大功告成了。所以，不掌握好火候或没有足够的耐心，是制作不出真正的阳山大豆腐的。而经炸制的大豆腐，据服务员讲会放在注满阳山山泉水的桶内保存，因阳山的山泉水含丰富的矿物质，因而能延长大豆腐的保鲜期。

有这么好的食材，令笔者欲一试身手，买些回去下厨“整”上几味。阳山大豆腐在当地的市圩及村前小卖店都有得卖，每500克4.5元。回到广州据行家报料，其实位于新广从路陈田村口的那间竹庄酒家就有得食。

菜谱

土猪肉煮阳山乡村豆腐

将阳山大豆腐洗净，切成两三厘米大小的块；猪肉切成与豆腐块大小相同的块；锅架火上，放少许底油，烧至五成熟，先下糖炒至微红，再放入猪肉块翻炒片刻，然后放葱花、料酒、酱油，炒至肉块上色，再加入豆腐块、鲜汤和盐，烧开后改用小火煮15分钟；见肉块酥烂用旺火收汁，加入味精搅匀，即可出锅食用。

英西乡间九龙黄豆腐

在英德，有一句妇孺皆知的谚语“大湾妹，浛洸菜，九龙豆腐”。前面两句说的是大湾镇的女子干练、泼辣，浛洸镇的蔬菜量多、质好；最后一句则是道出了远近闻名的九龙豆腐特别好吃。讲起豆腐，它是豆类制品中最受普罗大众欢迎的品种，是家常菜肴的主角之一，在全国各地广有制作，可谓家族庞大。今日我们就来介绍一下九龙豆腐的成员——九龙黄豆腐！

在九龙镇，当你走到市场上，摆卖豆腐的中年妇女，都会热情地向你介绍九龙豆腐的美味。笔者走访本地一些世代卖豆腐为生的老者，听他们的介绍，一般的豆腐虽然看起来白白的，吃起来却寡淡无味，有甚者连打个嗝都带有一股石膏味。而九龙豆腐则不同，外表白而不亮，细若凝脂；摸一下嫩而不滑，放在手里晃而不散，有弹性；滚汤时久煮不碎；当放入口中，口感清鲜柔嫩，令你满口留香，因此受到广大食客的喜爱。

九龙豆腐的好吃，一方面和九龙地理环境有很大的关系，英西峰林山清水秀，用来做豆腐的水是没有受到一丝污染的山泉水，并且碱性较大，口味甘醇，再加上精选优质黄豆、黄叶子等原材料加工而成；另一方面则是代代相传了上千年、已达到了炉火纯青的制作技艺。在英德九龙镇，家家户户都会做豆腐。特别是逢年过节，每家每户几乎同时开工做豆腐，整个小镇都处在一阵豆腐的清香之中……

九龙豆腐品种有黄豆腐、水豆腐、炸豆腐、酿豆腐等，其中以我们的主角“九龙黄豆腐”的制作最为复杂。首先，把挑拣好的本地黄豆用地层十几米以下的泉水浸泡3小时，再用磨盘将之磨成豆浆，榨出豆汁，此谓之“榨浆”；把榨出的豆汁加热后冲入加了石膏粉的大木桶，叫作“冲浆”。最后，把豆浆倒入一个个半米见方的木格里，让其自然凝结，再用木板和大石板压住木格，将多余的水分挤掉。当豆腐成型后，还要将其切成小块，用小块白布将每块小块豆腐包好，烧开锅中水后加黄枝子，然后将包好的豆腐下锅浸染，约10分钟后起锅，用火焙约10分钟方为完成。做出来的九龙黄豆腐，外表淡黄、内里皓白，不禁让人垂涎三尺。

九龙黄豆腐配上不同的做法，风味也不尽相同，如蒸、炸、煎、炖等等，让人回味无穷。譬如吃得香口些的，可以烹制一道“香煎九龙黄豆腐”，慢火将黄豆腐微微煎片刻，表皮呈现焦黄即可，皮表脆而爽，内里滑而香。除了煎黄豆腐之外，还可以做成鲍汁豆腐，又或者面豉酱排骨蒸九龙黄豆腐。此菜式排骨的肉鲜味和黄豆腐的豆香味非常之“合”，是家居用黄豆腐制作的一个非常“和味”的菜式。

美味的九龙黄豆腐，价格亦都不贵，在当地销售价格为一砖0.6元。

菜谱

1. 香煎九龙黄豆腐

慢火将黄豆腐微微煎片刻，表皮呈现焦黄即可。

2. 鲍汁九龙黄豆腐

①豆腐切丁、蘑菇切片备用。

②汤锅水烧开放入少许盐，下豆腐汆烫3分钟。把汆烫好的豆腐捞出，放入清水中浸泡备用。

③炒锅上火烧热，放油炒肉末，然后放入葱姜、蘑菇片炒均匀。溅入绍酒、倒入鲍鱼汁炒匀。

④注入适量的清水烧开，汤烧开后下豆腐，然后放入榨菜粒炒匀。把豆腐煮3~5分钟，然后放入青豌豆，用味精和盐调味。

⑤撒少许胡椒粉炒匀，最后用水淀粉勾芡，待芡汁糊化后便可出锅码盘。

羊城怀旧面豉酱

识食的老街坊有云“不酱不食”，酱料之于食物，好比画龙点睛那一笔，可以令原本平淡的食味变得充满层次和立体感。在食肆菜谱里面，用酱料制作的菜式变幻无穷，辟腥有陈皮酱，惹味有XO酱，打羊肉煲有野味酱，炒通菜有虾酱，炒牛肉有沙茶酱，煲牛腩有柱侯酱等等，而用得最广泛的非面豉酱莫属。

记得笔者孩童时经常帮家里人买面豉酱，以前的面豉酱要自己带瓶子去装，几分钱一量筒，每每闻到那浓郁的豉香味，都令笔者觉得嘴馋。买回家放在厨房，即使吃完了最后一点也不会发霉。时过境迁，好多老广都觉得面豉酱现在食起来，没有以前的香，甚是怀念。由于笔者职业的关系，对酱料还算有些认识，记得入行时的老师傅讲解过，面豉之所以能够飘香，全靠选料上乘以及沿用传统的天然晒制方法。而现在大多数的面豉都是机械化生产，经烘烤而成，当然就无咁香啦。而最近笔者受同行之邀，到一位在近郊竹料良田开农庄的朋友处聚会，大家相谈甚欢，老板就说有一道“面豉酱蒸土猪”让我们试试，不一会菜便端上来，那土猪固然味美，而引起笔者兴致的却是那面豉酱，居然吃回以前那味道，老板笑道：“不是好东西又怎能拿出来招呼老友记呢，想去参观的话，吃完饭我就带你们去。”

酒足饭饱后，我们在老板的引领下来到面豉酱厂家，只见在开阔的场地上，一排排的陶瓷缸整齐地排列享受“日光浴”，非常壮观。下车后，厂内一位师傅做起导游，一路带领我们参观，一边解说。据老师傅所言，原来这豉香味浓郁的面豉酱，是厂家坚持沿用传统的天然晒制方法而成，使之符合现代人追求健康环保的饮食理念。老师傅介绍说要酿制出好的面豉酱，除了选料外，对缸是非常挑剔的，从发酵缸、晒盆到储存缸，全部要陶瓷的，如果用塑料缸来酿制豆豉，味道差别会很大，用陶瓷缸酿制的香浓些。走近其中一个晒盆，只见黑褐色、油光晶亮、豆形粒粒可见的面豉酱，“外面是黑褐色，里面却是金黄色，还要十几天才能晒好”。老师傅一边说一边用一个大勺子使劲搅动一下，露出金黄色的面豉。

然后走入生产车间，老师傅接着介绍道，面豉酱的制作工艺比较复杂。首先进行第一次发酵，行话叫“制曲”，然后还要再发酵一次，最后转到晒场去晒，晒的过程中，每天都有工人戴上手套，一缸缸去翻面豉，直到缸里的所有面豉全部晒成黑褐色为止。整个制作工程，至少要四个月时间，遇到梅雨季节，晒的时间就要更长。

接着我们又继续参观了一圈，离开时，我们买了一些原味的面豉酱。有了好调料，就应有好的食材相配。于是去街市买了排骨，做一道“面豉酱煎焗排骨”。首先将面豉酱、盐、花生油、胡椒粉、白糖、酱油与排骨拌匀，然后用煎锅慢火煎制拌匀后的排骨，最后猛火收汁、装盘即可上席。当然用面豉酱烹制的菜式很多，如最常见的“面豉酱蒸猪油渣”、“面豉酱焖凉瓜”、“面豉酱捞面”等等，面豉酱现时盆装计每500克5元，一盆10千克，在西华路的街铺就有售。

菜谱

面豉酱蒸土猪

①将五花肉切成薄片。

②加入适量的面豉酱、生抽、生粉、蒜、油，一起搅拌均匀，上碟。

③待水烧开后，将搅拌均匀的五花肉入锅中蒸10分钟。

自然的馈赠
生香肉味，
品质纯厚

禽畜篇

QinChu Pian

紫金家乡“蓝塘猪”

讲起蓝塘猪，先讲蓝塘镇。蓝塘镇相信会有些朋友不太熟悉，但如果说紫金县，那就是耳熟能详的好地方，尤其此地出产的“紫金辣酱”，更是风靡省港澳。

“猪肉”是普罗大众餐桌的常客，而“蓝塘猪”又与其他猪有什么不同呢？到了猪栏，严格说来不算猪栏，而是用好几十块石头围起的一个“圈”，无瓦遮头。“蓝塘猪”给我的第一印象，体积不大，目测大约50千克，体形宽，身短圆，背腰似一个U形，腹大，臀部较平，四脚短小，头、背部并向左右延伸至体侧中部为黑色，体侧下半部、腹部和四肢为白色，真正“黑白分明”。猪的头部大小适中，嘴巴稍扁而翘，额部有三角形和呈菱形皱褶，耳朵最有标志性，耳小而直立，薄而尖，看上去不太凶猛，比较温驯。饲养食物都是农家粗粮，一头猪要出栏大约要养180天。蓝塘猪受养殖时间的制约，加之成本较重，因而产量不多，故身价比一般猪肉要贵些。

开眼界之余，就是“肚子工程”了。回头到了一处乡间食肆，甫坐下，菜已点好，一会工夫，头啖汤即时奉上，“瓦盆虫草花猪

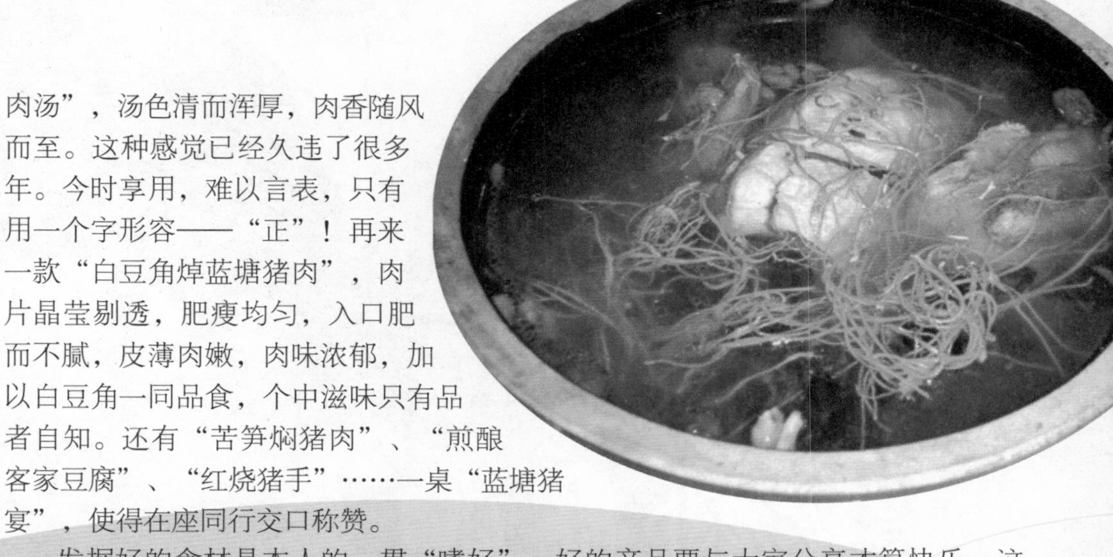

肉汤”，汤色清而浑厚，肉香随风而至。这种感觉已经久违了很多年。今时享用，难以言表，只有用一个字形容——“正”！再来一款“白豆角焯蓝塘猪肉”，肉片晶莹剔透，肥瘦均匀，入口肥而不腻，皮薄肉嫩，肉味浓郁，加以白豆角一同品食，个中滋味只有品者自知。还有“苦笋焖猪肉”、“煎酿客家豆腐”、“红烧猪手”……一桌“蓝塘猪宴”，使得在座同行交口称赞。

发掘好的食材是本人的一贯“嗜好”，好的产品要与大家分享才算快乐。这“蓝塘猪”通过当地宰杀保鲜后，会坐班车来到省城，运往白云大道新广从的“南国明珠酒家”，以及天河北“南岗海鲜城”。市场零售暂时没有设点。

每逢祭祖时节，很多回来祭祖的乡亲都会买上三五斤回家与家人分享。“蓝塘猪”好味毋庸置疑，而蓝塘乡民亦非常好客，但凡亲朋好友来访，必送上一份蓝塘猪肉作为“特殊礼物”，顺祝“猪”事顺利。不亦乐乎！

菜谱

白切蓝塘猪肉

将猪肉切成可以放入锅中的长度，放入锅中，倒入足以淹过猪肉的水。加入煮汁材料，开火，煮开后将火转小，去除汤面上的浮沫，盖上锅盖，再以中火煮约30分钟。熄火后，猪肉直接浸放煮汁中1小时，使之冷却后切片即可。

滋补牛胎盘

秋冬进补时节，有一道滋补美味的菜式鲜为人知，它就是牛胎盘。

讲起“胎盘”，人们就会想起药材铺的紫河车。当然，“紫河车”是一种比较名贵的中药，与牛胎盘是攀不上亲戚的。发现这样好的“废物”是在一次行业交流会中，一位同行无意中泄露个中秘密，从此我就把它作为一道可研究的食材进行烹制。早在多年前，到牛屠宰场看货时，只是买大家都买的部位，而没有把牛胎盘这种食材用作菜式烹制，俗语说“今时唔同往日”，所以，搜罗了几副回餐厅烹制。此菜不是菜也不是汤，是汤加“汤渣”，一碗热气腾腾的汤端至面前，慢慢品尝，满口浓香，鲜甜可口，浓而不稠。而汤渣更是稔滑，有口感，加之火候恰当，一个回合不到，一大煲汤就消灭得一干二净，可以肯定此汤的受欢迎程度指数是多么的高。

制作牛胎盘，工夫真不能马虎，否则连“油味料”都亏了。必须把血污去净，方能用作烹制。烹制时要用清水慢火加温至烧开，去掉血泡，如此重复两次，加之用清水冲泡，去清异物，即可加入其他食物一同烹制。在肇庆北岭食街有一间食肆叫“仙溪”，其最拿手的菜式叫作“牛胎盘煲水鸭”，是几乎每桌必点的菜式。如果嫌肇庆路程远，可以到新市黄边“喜相逢酒家”、西华路“胜华楼”品尝。

牛胎盘的食材在近些年里都得到食客的接受，并广为流传，一时“洛阳纸贵”。采购牛胎盘一样都是到牛栏或者生牛屠宰场，以三水、肇庆牛栏最多。如果没有预定，货源恐难保证供给。牛胎盘的来源体最好是小黄牛。小黄牛的母牛体只不会很大，而生产后的牛胎盘的纤维同样比水牛的胎盘细嫩很多。故此，选择材料时，货比两样，就会比出个中奥秘。在挑选产品时，一定要选择健康的母牛的胎盘，切勿因小而失大。“好食多磨”，好的食物有独到的烹调技艺，加之对人体起到一定的保健作用，滋阴补肾，相信会有很多人接受。一款并不起眼的“废物”在厨师手中，化腐朽为神奇，亦是现代人的口福所赐。

菜谱

牛胎盘煲水鸭

①水鸭宰杀去毛，牛胎盘洗净，切成小块，放入沸水内滚烫，捞起在凉水中冲净。

②烧沸大半瓦煲清水，放入水鸭、牛胎盘、淮山（山药）、杞子、圆肉、姜片同煲3小时，用盐、生抽调味，趁热上席。

野味十足的黑凤鸡

"秋风起，食野味"这句话在南粤大地可谓耳熟能详。近些年国家规定不准猎杀及捕食野生动物，经过"非典"教训，"为食"的食客都已"口"下留情，但对于人工仿野生养殖的食材还是趋之若鹜的，譬如"野"性十足的黑凤鸡就是其中的一种。

讲到鸡与野味的关联，可能会风马牛不相及，"大缆都拉唔上边"，而事实证明黑凤鸡的基因或多或少存有野味成分。黑凤鸡早在很多年前被行家誉为食材佳品，民间视为补品首选之材。黑凤鸡的前世今生讲来有段故事，据从化良口碧海山庄黑凤鸡场的场主介绍，此鸡原种为四川山区黑珍珠雀，是飞禽鸟类中的一员，个头硕大，肌肉结实，除了陆上觅食外，更能飞上树干、果林里觅食，纯天然生活，要捕捉的话可谓费煞工夫才能落网。而聪明的专家经过多年培育，将黑珍珠雀与土鸡优良因子结合在一起，从而诞生出既有野性风味，又有土鸡原味的黑凤鸡。鸡的毛色在人们眼中很普通，无非麻色、黄色、褐色、麻点色，甚至乎竹丝鸡的白色，但黑凤鸡的毛色与众不同，那就是黑色的，毛色乌黑发亮，外貌美观，羽毛紧贴，连鸡脚都是黑色，不同颜色的只有鸡冠及鸡脖部位有少许麻黄色。虽然毛色是黑色，但鸡肉与普通土鸡没有多大不同，骨架纤细。该鸡喜食青草、青菜叶、五谷杂粮，有时会飞上果树觅食或晚间过夜。

黑凤鸡比普通土鸡生长的速度稍稍要慢一些，因为鸡种本身骨架偏细，所以仿野生放养150天，才有1.4公斤左右，因而出栏上席时，个头不大，皮下基本没有多余的脂肪。由于该鸡活动量与普通鸡只不一样，在驯养期间必须用网将其围蔽饲养，否则“鸡飞狗走”，最终成为山间的黑凤凰，野性将原形毕露。

野味成分比较重的黑凤鸡，最适宜打火锅，其皮爽、肉滑、久煮不老，没有油脂、鸡味浓郁，骨架慢嚼甜而香，越食越想食。好的食材不妨与众同乐，听庄主讲要品尝野味十足的黑凤鸡，除了到碧海山庄品食之外，更有供应广州的同行。由于山庄所处位置空气非常清新，而水更是非常清澈，是真真正正的“山泉”水，用山泉水加两片姜片，将鸡斩成碎件，放入锅中浸熟，口感爽而不“柴”，黑凤鸡特有的香味令人回味无穷。

①

菜谱

1. 黑凤鸡鲍鱼煲毛蟹

将鲍鱼洗干净，然后加入姜片，一片陈皮，将鸡斩成大件，用大砂锅爆香姜片加入鸡件，炆至七八成熟，再加入毛蟹及鲍鱼，调味后再炆5分钟，即可食用。

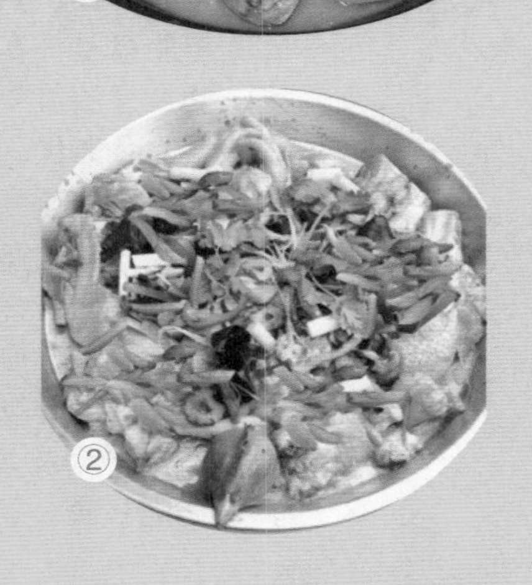

②

2. 黑凤鸡蒸洞庭湖藕粉

洞庭湖莲藕，用搅拌机打成粉，加入少许食盐拌匀，而黑凤鸡斩成件捞味，藕粉在下，鸡铺在上面，用圆碟蒸熟。

食补珍品“羊胎盘”

秋冬时节是人们进补的最佳季节，尤其现在受流感滋扰，医学专家就建议，一定要多吃能提高人体免疫力的食材，譬如灵芝、香菇、海带、蒜、羊胎盘等等。其中，又以羊胎盘功效最为明显。

羊胎盘是羊在怀胎时为胎儿供应养分、让胚胎生长的特殊组织，古称“胎兽”，列为鹿胎等动物胎盘之首位，并予以很高的评价，为食药兼优，在猪、牛、羊中，羊是唯一的纯食草动物，因而其胚胎尤为洁净可贵。古语有云：“男补气，女补血。男人补气宜吃狗，女子补血宜吃羊。凡味与羊肉者，皆可以补之，羊肉补形，人参补气也。”羊胎盘历来被视为大补之品。集速疗和养元于一体，具有养血安神、丰肌泽肤、延年益寿等功效，自古以来被人视为珍品。资料所载现代营养学亦认为它富含蛋白质、多种氨基酸、磷脂、脂多糖及多种维生素、微量元素和矿物质等。有调节内分泌、防老抗衰、调节神经、增强免疫能力等作用。而且羊胎盘性味甘温，当它搭配大补药材时，就可以燥温，当搭配平和药材就可平和。想加强功效，还可以搭配响螺和石斛一起炖，可以清热解毒，提高免疫力。

羊胎盘外形呈不规则半圆形或两瓣碟形，直径6～12厘米，厚不及0.8厘米，呈黄白色或棕褐色。近子宫面扁平疣状或乳头状凸起不均匀分布于筋膜上；近胎儿面平滑，脐带及血管多集中在一侧，表面光滑。有腥气。羊胎盘的来源体最好是黑山羊种。黑山羊种的母羊体只不会很大，一只18千克重的母羊，羊胎盘重约750克，市面销售价约为40元。而生产后的羊胎盘的纤维同样比绵羊的胎盘细嫩很多。故此，选择材料时，货比两样，就会比出个中奥秘。在挑选产品时，一定要选择健康母羊的胎盘，切勿因小而失大。

笔者在东莞桥头一间叫“罗龙记”的羊庄品尝到以羊胎盘为主的浓汤，汤色奶白，口味浓中带滑，有胶质，据店家所讲，一煲羊胎盘汤煲的时间约为6小时，每煲售价248元，可供10人饮用。主要以羊蹄、羊面、羊筒骨、羊胎盘加之家传汤料煲制而成，润而不燥，是秋冬时节应节之上上汤品。

菜谱

老鸡煲羊胎盘

选百部21克，人参、贝母、桔梗各15克，羊胎盘1个，光雄鸡1只，生姜3片。首先用清水冲洗羊胎盘，把脏东西冲掉；去胎衣，然后再用粗盐刷洗干净备用。各药材洗净，包裹好，羊胎盘、宰洗净的雄鸡分别“飞水”后，一起与生姜下煲，加盖煲3小时便可。进食时方下盐。

南岭山乡“石头猪”

进入秋冬时节，市民都有晒腊肉的习惯，要做品质佳的腊肉，选猪尤为重要，譬如赫赫有名的蓝塘猪、大花猪、巴马香猪……而来自韶关南岭国家森林公园附近山乡的“石头猪”，不但用来做腊味好嘢，新鲜品食更是鲜味非常。

石头原是客家人用以形容“精干瘦小，脾气执拗”，而所谓“石头猪”是南岭客家人对产于粤北高寒山区，成长缓慢的山区农家猪的统称。据闻“石头猪”饲养一年也只有百来斤，属瘦肉型猪，故此而得名。山区农家养猪，多是自家用，因而没有形成规模生产，不用饲料和添加剂，白天多是放在山冈、田边吃草及杂物，早晚主要喂食自己生产的玉米以及一些野菜，红薯、蔬菜若有剩余，亦不浪费用来喂食。这些食物没有污染，没有公害，喂养出来的“石头猪”其肉味道清香、甜脆、爽口，肉质鲜美，连肥肉也香脆可口，营养成分高，热量低，非常迎合时下追求健康的人们需求，称得上是真正的绿色产品，堪称“猪中极品”。由于“石头猪”饲养时间较长，个体不大，猪肉连皮骨价格约为18元/500克。

讲到石头猪，除了外形娇小玲珑外，与其他猪的特性没有多大差别，而唯一鉴别其特别之处，就是将石头猪宰杀后，切成肉片，用滚水焯熟，蘸上豉油享用，那份肥腴丰厚，肉味浓郁的感觉是其他猪肉无法比拟的。选肉片最好是选半肥瘦的五花肉，味道更佳。对于平日很多对肥肉避之则吉的朋友来讲，则不用怕“肥”，石头猪的肥肉，看似肥润，但煮熟后入口有嚼头，没有肥腻感，伴有丝丝其特有的“甜”味。“石头猪”肉比较结实，肉质爽脆、鲜滑，炒煮皆浓香扑鼻。红焖石头猪上席时香味四溢，猪肉色泽油润，焖得香浓入味却没有掩盖石头猪原始的肉香。猪肉鲜甜爽嫩而不膻，尤其是猪皮，爽口弹牙而不肥腻，整道菜色香味皆妙不可言，入口齿颊留香，令人吃到以前猪肉的鲜香味和爽滑久违的原始风味。当然，烹制石头猪的方法很多，好的食材加上有创意的烹煮，必定为味蕾带来无限冲击。食得比较健康的制作方法如“米汤浸石头猪”，所谓“有麝自然香”，将新鲜石头猪入馔，米汤浸石头猪更能突显猪肉的原汁原味，大厨巧用优质米汤来浸石头猪肉片，尽显刁钻之余，也相得益彰。米汤的米香能诱发出石头猪本身的清甜，并且将肉味糅合到汤底里，出奇的鲜甜润喉，很容易令人见食忘量，停不了口。市区经营粤北食材的食肆都会找到“石头猪”的倩影。

菜谱

米汤浸石头猪

①将米洗净用水泡开。
②将淘好的米放入锅中加入三四杯水煮。
③用文火煮至水减半时将火关掉。
④将煮好的米粥过滤只留汤。
⑤将石头猪肉放入米汤之中加热浸熟。
⑥最后调味即可。

回味无穷的湖边“青头鸭”

鸭有好多种，如常见的家鸭、麻鸭、北京鸭、水鸭、填鸭等，那要如何分辨“青头鸭”和其他的鸭呢？其实很简单，首先，“青头鸭”头顶上有一条青色的羽毛，故又称“花头鸭”。雄鸭头，颈黑且具绿色光辉，背部和尾羽呈黑褐色，暗栗色的胸部与洁白的腹羽截然分界，两胁淡褐色，而雌鸭头、颈、背、尾黑褐色，胸部浅棕色，两性的翼镜和尾下覆羽全白。其次，每只毛重最多不超过两公斤，比起五大三粗的番鸭，它可谓“窈窕淑女”。

“青头鸭”吃的不是精饲料，而是专食湖边的蚬仔、鱼仔、小虾，故肉多骨脆，肉质鲜嫩并甚少脂肪，纤维十分丰富，吃起来不但没有膻味，而且味道鲜美，其营养价值和药用价值都很高，含有丰富的蛋白质以及丰富的钙、磷、铁和多种维生素等营养成分。据《本草纲目》记载：“鸭味甘性凉，鸭肉滋阴养胃、清肺补血、调和腑脏，通利水道，定小儿抽风，解诸毒，止热痢，生肌敛疮。和葱同煮，可除心中烦热。”现代人生活压力大，身体疲劳、情绪不稳，老中医建议，如果每周能喝一次陈皮、荷叶煲的鸭汤，可以起到排除毒素，清热降火，恢复元气，补血养颜的作用。

好的食材少不了好的烹制方法，“青头鸭”的烹调方式，家常的做法可以用凉瓜炆，也可用薏米、冬瓜等材料煲汤。煲汤的鸭只最好斩大件些，因为煲好的汤，既可饮汤又可做菜。另将煲熟的鸭肉用大蒜、生抽爆炒，便成一道美味的下酒菜，既有汤饮又有菜吃，可谓一举两得。

“青头鸭”的美味尽在不言中，要购买到正宗的“青头鸭”一展厨艺的朋友，可以到清平市场又或者增槎路的三鸟批发市场选购。而想品尝一下大师傅的厨艺的，可到位于番禺华南快速干线沙溪出口的“恒丰酒家”，有一款“干迫青头鸭”甚有口碑，可酒可菜。“干迫青头鸭”的特点甘香可口，边食边铲，加之明炉烹煮，既娱又乐，更加增进食欲。待食完锅中的鸭肉，再加些清汤，焯上一些时蔬那真的应验了一句俗话“连汁都捞埋”。当然，不食浓香口味，也可选些清淡的做法，用虫草花蒸亦不失为一道很有特色的菜肴。有清有浓，咸鱼白菜各有所爱，美味的“青头鸭”，均能满足大家的需求。

菜谱

1. 干迫青头鸭

①将青头鸭宰好，洗净斩件备用。

②开锅下油，爆香蒜头、姜片、辣椒，放入青头鸭炒至出油，溅米酒，加入柱侯酱、桂林辣椒酱和陈皮翻炒均匀，以盐、糖调味，继续以中火炒片刻，溅少许水炒至“干身”，如是者溅水三次翻炒约10分钟，收汁时加入大蒜煮开，以香菜装饰便成。

2. 青头鸭焖芋头

①先在油锅里爆炒已经切块的鸭，爆到出油，这样的鸭才会够香，而且不会有泥膻味。

②溅酒。

③芋头特别吸味，所以酱汁一定要够浓味。柱侯酱，糖，加上焖，最后加入切成块的芋头，焖至芋头可以很容易插得进筷子即可。

④放上芫荽，即可。

凤凰山中“回春鸽”

俗语说“食无分贵贱，可口皆为美”。近些年，食客们的嘴都给宠坏了，越吃越刁钻，而且还要吃得健康，追求养生。各酒楼食肆为了满足“老爷”们的要求，四处去“搜寻”新奇特色的食材，搜寻食材除了信息的收集之外，还有一些“捷径”，就是与同业分享，这样可谓一举两得。笔者在工作之余无意中发现一家位于龙眼洞凤凰山的农庄大打“乳鸽”牌。大家可能认为，乳鸽不是很常见的食材吗，有什么特别的呢？“在平凡中尽显不平凡”，这就是好的食材吸引人之处，农庄在平凡的乳鸽身上花心思钻研，开发出新的独创食材“回春鸽”。

据说国人以鸽子入菜的历史悠久，可追溯至西周时期。民间有话：“一鸽胜三鸡。”鸽子不仅味道鲜美，而且营养丰富，有较高的药用价值，是著名的滋补食品。在各种肉类中，以鸽肉含蛋白质最丰富，而脂肪含量极低，消化吸收率高达95%以上。与鸡、鱼、牛、羊肉相比，鸽肉所含的维生素A、维生素B_1、维生素B_2、维生素E及造血用的微量元素也很丰富。对产后妇女，手术后患者及贫血者具有大补功能。

据庄主介绍，他本身也讲求养生，一时灵感所至，人吃补品可以滋补，那鸽子吃了后，我们再吃鸽子，那是否可以获得两者的功效呢？于是老板选取优良的幼鸽，以消毒牛奶、熟鸡蛋黄、葡萄糖以及鸽饲料等配制成全稠状的人工鸽乳，待幼鸽养到18天后，就开始用30多种中药材磨碎后加入奶粉中，配成半流质状的饲料来喂养25天，其中还包括三种人参。庄主品食乳鸽后功效显著，其对壮体补肾、健脑补神等效果明显，于是便将这精心培育出来的鸽子取名为“回春鸽”，并在自家农庄里进行养殖，十多亩的农庄里只喂养了不到三千只鸽，“容积率”非常低，完全是符合豪宅标准。“回春鸽”除了具有补肝壮肾，令人充满生机活力之外，还具有益气补血、养颜美容之功效，女士常吃，皮肤还能洁白细嫩。品食起来鸽肉爽口弹牙，人参味浓郁。

凤凰山地处丘陵地带，长年空气清新，山溪泉水清澈，因此非常适合“回春鸽”的生长，故此鸽体形丰满，宰杀后的鸽子毛孔光滑，皮下脂肪比较适中，尤其适合清炖或用陈皮、红枣丝蒸，用油盐调味即可。这样的烹调将鸽的原味突显无遗，鸽味浓而不腻，品后有一股幽幽的人参味，此时此刻，食客不愧为快乐的“活”神仙。

为了让客人品尝到原汁原味的“回春鸽”，山庄采用没有任何调味的烹调法，直接将鸽子斩件后，放入山泉水中浸熟。吃起来非常的鲜甜嫩滑，不用担心高盐高糖和香精，好的食材不是随处都有，若要一睹“回春鸽”庐山真面目，不妨到龙洞一行。

菜谱

油盐水蒸回春鸽

将鸽子斩件后，放入盐和油调味，然后猛火10分钟蒸熟即可。

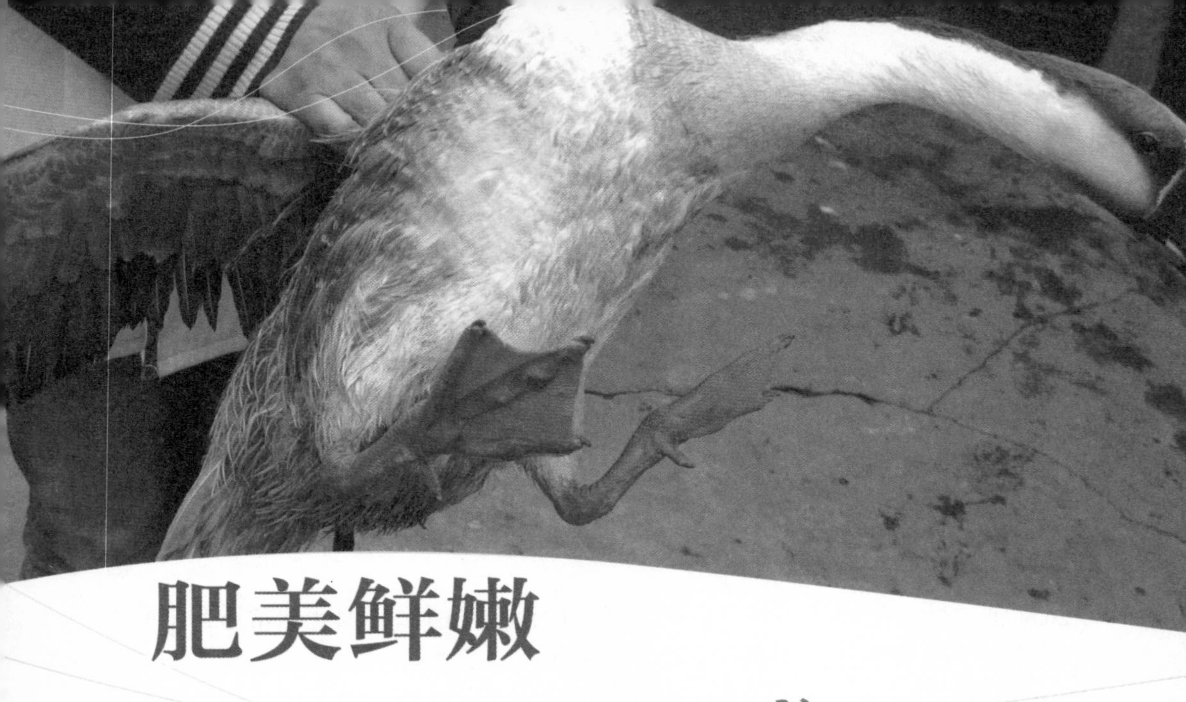

肥美鲜嫩

——阳江黄鬃鹅

清明节是某些食材上市的好季节，诸如，清明节前后一个半月里，是吃虾的最佳时候。因为此时的河虾未产卵，壳薄虾小，爽脆清甜，最为健壮、肥美。到了近来，就连那“曲项向天歌”的“鹅”，也成了清明节的时令食材，还有一个专有名词，叫“清明鹅”。众所周知，鹅一年四季都有，养鹅人按不同季节分别称之为清明鹅、端午鹅和过年鹅。而清明鹅又有些什么不同呢？ 据说开春以后，这田野的青草要比其他树木先抽芽、长叶。因此这个时候的鹅食青草以后，长得特别肥嫩，所以在春天，尤其是清明前后的鹅肉味道最为鲜美。就在近日，笔者于一农庄内偶然遇见了今天要介绍的“清明鹅”成员——那几近消失的“黄鬃鹅”。

讲起黄鬃鹅，可能不少人会以为它是由广东名鹅种——乌鬃鹅改良而来。其实不然，根据查阅到的有关资料记载，阳江养鹅的历史超过500年。黄鬃鹅因其头顶至颈背有一条棕黄色的羽毛带，形似马鬃而得名。20世纪六七十年代，黄鬃鹅是销往港澳、东南亚地区的主要三鸟产品之一，名声在外。但是由于六七十年代市民并不富裕，很难吃上一顿肉，大家都喜欢养个头大的鹅，如狮头鹅等，所以纯种黄鬃鹅数量急剧减少，就在近年，这消失了很长一段时间的黄鬃鹅才重新又出现在大都市市民的餐桌上。

在农庄的树荫下栖息着一群黄鬃鹅，只见它们外形与乌鬃鹅非常相似，体形适中、外表清秀，全身羽毛紧贴，背、翼和尾为棕灰色，喙、肉瘤黑色，胫、蹼橙黄色。与乌鬃鹅最大的不同，就是那一条宽约两厘米从头部经颈向后延伸至背部的棕黄色羽毛带。

鹅的烹调手法并不少，但要品尝黄鬃鹅“味”力的，最好不过的就是以阳江当地的农家做法——炊鹅来烹调，“炊”是阳江土话，其实是蒸的意思。一般炊一个小时就可以斩件上碟，香气扑鼻，咬一口，皮薄、肉质肥嫩、味道鲜美。当然，用来制作碌鹅也是一绝，或者是“清汤竹笙鹅”更是适宜春夏季的一道不可多得的菜式。

现时在市面上，能买到黄鬃鹅的地方不多，想要品尝一下黄鬃鹅美味的朋友，可以到地铁二号线南浦站出口附近的三月红农庄，在那里就能体验得到，价格为288元1只。

菜谱

炊鹅

去鹅毛后，剖开鹅的肚子，然后，以柱侯酱、茴香、南乳等配料涂满鹅的全身，里里外外抹一遍，把部分调料放进鹅肚里。涂好以后，腌30分钟。把鹅和配料一起放进锅里，盖好锅盖，用湿手巾把锅盖和锅的缝隙封好。开始用猛火把酱料煲滚然后转文火慢慢炊。大约半小时后就要把鹅翻一遍，在翻鹅的同时用汤勺把酱料淋上鹅身，这样看起来颜色更好看，味道会更入味些。一般炊一个小时就可以斩件上碟。

“肉中灵芝”

——小黑豚

有着“仙草”之称的灵芝，因其一直被视为滋补强壮、固本扶正、延年益寿的珍贵食材而受到市民的追捧。灵芝大家就见得多，那“肉中灵芝”大家又见过未呢？那就是我们今天的主角——小黑豚啦！

小黑豚是从化的一种微型猪种，净重6.5～7.5千克，因其体形较小，全身乌黑，山里人都称其为小黑猪。当地人讲这里山泉水充沛，青草葱绿一片，最适宜让小黑豚在山野中放养。吃山中野草、野果，饮用山泉水，因此小黑豚生长缓慢，十来千克就是成年猪，而且性格粗犷，具有野性，但养出的小黑豚认真“顶呱呱”，肉质清甜爽口，皮薄肉细、肉味醇香。据闻在明清时期，它不单是当地贵族才能享用的食材，更是上贡给王公大臣和贵族们的上等贡品。由于山区交通不便，远离闹市，所以这“小家伙”才鲜为人知，成为这带山区人自养自食，互相馈赠的一个独有品种。随着社会的发展，山里人逐渐走出大山，他们从大山里带出来的小黑猪，让大山外面的人吃了回味无穷，让小黑豚崭露头角。

能被誉为“肉中灵芝”，其营养价值当然不“嘢少”。中医认为，猪肉性平味甘，有补肾气、滋肝阴、润肌肤、解热毒的功效。而据资料显示，小黑豚营养全面，富含人体必需的氨基酸和微量元素及多种特殊的不饱和脂肪酸，含量普遍高于普通家养肉猪，加之脂肪低，食之对人体健康非常有益，可美容养颜、延年益寿，当真无愧于“肉中灵芝”的称号。

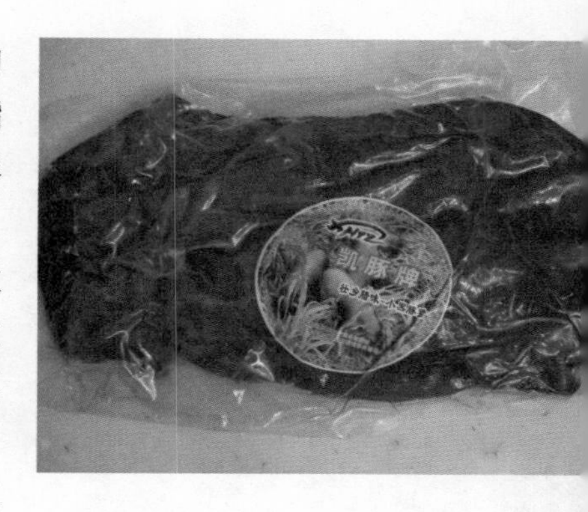

这一“新贵”，精明的商家又怎会错过，广州大道的“金城酒家”、黄埔大道的“喜望角酒楼”一收到料就马上派专人前往“扫货”，小黑豚到了大师傅的手上，立马成为一道道“味”力四射的美味佳肴，为普罗大众带来惊喜。小黑豚的烹制方式多样，不过无论红烧、炆、焯、蒸均不出油，而且口感细腻香甜，不油不腻，因而有“肥而不腻，多吃不怕胖”的赞誉。要品味小黑豚的原汁原味，“白焯小黑豚”当然是首选之作。要吃得“野味”一点的，可以试一下“红烧小黑豚”。由于小黑豚现时进入市场的数量不多，价格亦都不算平民化，每千克批发价约为44元，并且只能在一些酒楼内才能品尝到，而市场上暂时没有供应。

从化的风景美丽，人皆共知，而如今更有健康美味营养的“小黑豚”相衬，正可谓“从化山水甲天下，肉中灵芝誉中华”！

菜谱

1. 白焯小黑豚

将小黑豚切成肉片，用油盐水焯熟，再蘸上砂姜豉油享用。

2. 红烧小黑豚

①先把五花肉洗净，把皮刮干净，切成3厘米见方的块，放到热水中“飞水”。

②葱切段、姜切片、蒜切碎。

③锅里放油，五成热放入五花肉炒，炒至肉块变小。

④再放入葱、姜、蒜炒、料酒、酱油、冰糖、盐翻炒。

⑤添加足量的水，水要没过肉，大火烧开后撇去浮沫，转文火焖至汤汁浓稠，肉质松软即可。

自然的馈赠

口有鱼味，鲜嫩绝伦

鱼篇

Yu Pian

金龙水库黑须鮰

时下每逢节假日，省城识食之人便会驱车前往四乡觅食，诸如山庄、农庄、水库边等等，可谓无处不去，最紧要有“料”到。但凡到乡间搵食之人，大多都冲着那里的特色食材、味觉地道居多。珠三角现时交通十分方便，以省城为中心，基本1小时左右车程便可到心仪的地方。食材每个地方各有特色，正如高要金龙水库的黑须鲋，其貌不扬，但味道是一般鲋鱼没法比拟的。

黑须鲋又名“叉尾鮰”，种源来自美国的新品种鲶鱼，比普通叉尾鮰更大，胡须为黑色，下身略带粉红，无鳞，粗长，腹部膨隆，尾呈侧扁。黑须鲋一般重3～5千克，最大个体可达10千克。春冬两季，金龙水库黑须鲋鱼体壮膘肥、肉质鲜嫩，正是品尝的最佳时令。

黑须鲋产卵季节为5～7月，每年从5月汛期开始便在水库和池塘中的岩石突出物之下，或者淹没的树木、树桩、树根之下或河道的洞穴里产卵。黑须鲋多在黄昏和夜间外出觅食，为底层温和肉食性鱼类，其食物范围较广，幼鱼主要摄食个体较小的水生生物，如轮虫、枝角类、水生昆虫等；成鱼则以浮游动物、各种蝇类、摇蚊幼虫、软体动物、大型水生植物、植物种子和小杂鱼为主食。黑须鲇性情温驯，有集群习性，易于捕捞。

黑须鲇肉色呈淡黄色，鱼皮厚而有胶质，鱼内脏"储"有杂质不多，所以基于这样的质地，黑须鲇在烹调方面留给师傅很大的制作空间。假如你到库区附近的农庄品食的话，大多以清蒸、蒜子炆，又或者豉汁蒸等等。若想食到这样美味的黑须鲇而又离省城不远的话，驱车前往南沙快线七星岗出口对面的金港渔庄，就可以品尝到很有心思的"酥缪菜干蒸黑须鲇"，又或者用粟米汁浸熟食，味道超正！黑须鲇市面售价约50元500克，在比较大型的河鲜批发市场设有定点销售档口。

菜谱

蒜子炆黑须鲇

先将鲇鱼洗净切件，用适量盐、糖、生抽、花生油调味备用，开锅下油，爆香蒜子，下调味后的鲇鱼，溅料酒，放支竹，下适量的蚝油、老抽、生抽，调味，放葱段后勾芡收汁上盘便成。

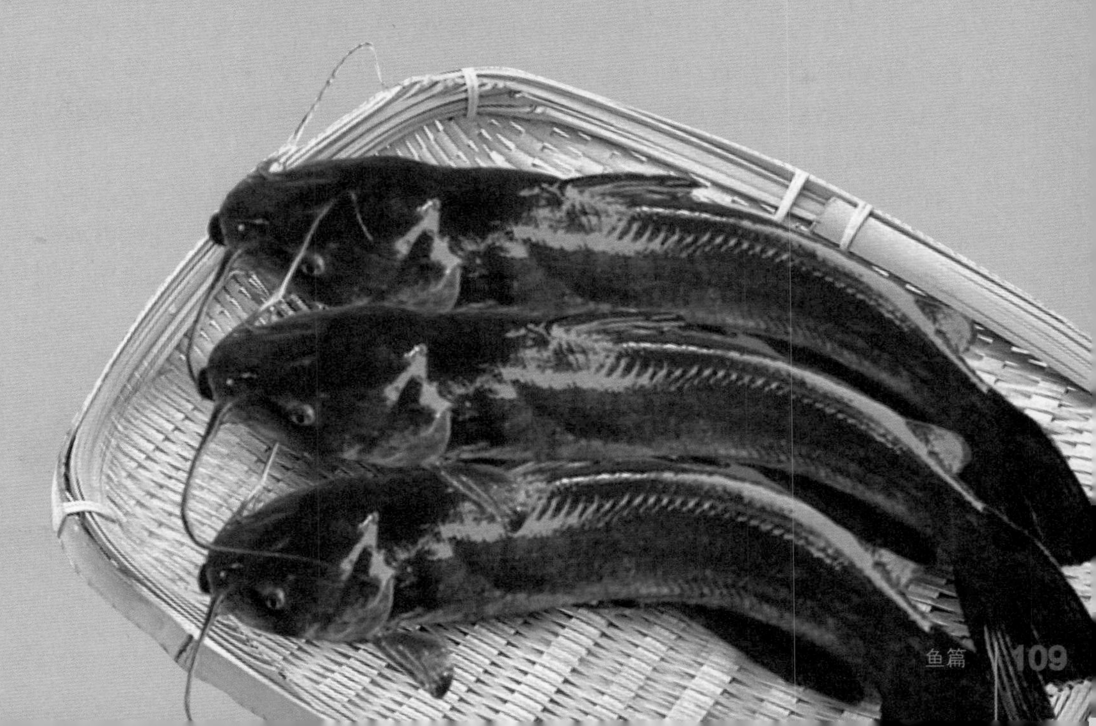

锦潭河上 鲌鱼鲜

喜欢吃鱼的人都会对梅花鲌皮滑肉爽，味美而浓，少骨刺、多胶质的口感，一直留在脑海深处，每当说起去品尝梅花鲌时都会味蕾冲动，梅花鲌无愧于“淡水之王”的雅号。

梅花鲌鱼是珠江“四大名鱼”之一。就体形上来说，它与黑须鲌、珍珠鲌基本相似，而体呈淡褐色，腹部灰白色。要讲最大的不同之处，可能就要数它两侧散布着芝麻状大小不一、排列不规则的蓝黑色斑点，还有就是那四对白须，所以又俗称芝麻鲌、白须鲌，醒目的外表充分体现出在江底的霸主地位。近日笔者受朋友所邀，一同品尝他从锦潭河畔带来的梅花鲌。到店后，朋友将鱼交给大厨，由于它全身无鳞，滑滑的，而且还非常的生猛，5千克重的鱼身不断地挣扎，师傅都差点儿无法抱住。由于这条梅花鲌比较大，于是就一鱼多吃，一部分用来煎焗，一部分用来焖，还有一部分用来做翅汤。

梅花鲌素以鲜美爽脆著称，但用来做翅汤，讲究的却是“放养”的过程。野生梅花鲌从小就被投入水质清澈、矿泉水水质的锦潭河流域中放养，让其以河流中的藻类等为饲，由于天然活水在鲌鱼体内循环，能将鱼体内的杂质完全排出，到烹制的时候再切薄片，在加入了鱼骨的滚热翅汤中浸熟。此时的鱼肉才能达到细腻清爽、入口即化的境界。为了保证鱼的足够新鲜，最后一道鱼片入翅汤的过程，当然是在客人面前完成的。

正所谓适材适用，烹制梅花

鲥要根据鱼的质量和部位，用来清蒸的，最好是选1千克重左右的，记得蒸鱼要用热水来蒸哦，这样蒸出来的鱼才更加鲜嫩。而最适合煎焗的部位是尾巴至背鳍的部分，呈现桃形，对称，中间一块鱼骨。先“薄”腌，再“薄”煎，最后焗个十几秒，煎焗钳鱼，金黄中间杂乳白，颜色饱满却不泛油光，外皮香脆却保持足够水分，嫩滑，鱼香充足。

至于焖梅花鲥，梅花鲥脂肪比较多，味道鲜美，但鱼肉质、口感和味道与其生长的水域、水质的咸淡与酸碱度等有很大关系，如果处理不当味道就会很腥，难以入口，或有“泥味”。不过对生长在锦潭河流域的梅花鲥就完全不用担心，用焖的做法，可能比清蒸要稍逊一筹，不过其肥美鲜嫩的口感，还是再次征服了“嘴刁”的笔者。

梅花鲥批发价70元500克，在番禺亚运大道亚运村对面的幸福农庄就可见其身影。

菜谱

1. 煎焗锦潭梅花鲥

①

材料：梅花鲥500克，姜2片。

调味料：生粉1小匙，生抽2大匙，砂糖2小匙，料酒2大匙。

制作：

①平底锅烧热，倒入适量的油，放入姜片爆香。

②将切成块的梅花鲥倒进平底锅内，中小火煎制。

③一面煎至上色后翻至另一面继续煎至上色。

④加入所有调味料，转小火，盖上锅盖焗1～2分钟。待每一块鱼肉都裹入了调味料，关火上碟即可。

2. 焖锦潭梅花鲥

②

材料：鲥鱼800克，蒜子100克，火腩（切条）100克，冬菇50克，葱30克。

调味料：

A：盐3克，生粉15克，蛋1只。

B：柱侯酱50克，料酒30毫升，糖30克，生粉50克。

制作：

①将鲥鱼清洗干净，切成骨排型，放下A调味料捞匀待用。

②将蒜子炸至金黄色取起待用，鲥鱼炸至八成熟取起待用。

③起锅下少许油将柱侯酱爆香，放料酒、清水、糖，滚起再落蒜子、火腩、冬菇、鲥鱼，同炆至鲥鱼熟透，最后打茨和包尾油便成。

锦溪河边福寿鲜

“鱼，我所欲也”，讲起国人与鱼的渊源可谓一匹布咁（这么）长，每逢节日，餐桌上必定会有一道鱼的菜式，取其“余”，是衣食有余的心理愿望。近年来很多食客对鱼的要求越来越高，追求鱼的原味、无污染，甚至“瘦身”。在近郊的水库偶然见到一箱箱的网箱，这都是各种淡水鱼的“瘦身”之所，这些鱼在水库瘦身一段时间后便会“游”到食客台上。经过“瘦身”的淡水鱼肉质变得结实，鱼味变浓。“瘦身鱼”虽好，但食客总认为与他们孩童时吃的相比，还是差了那么一点。其实，真正“土生土长”的环境才能体现鱼体质鲜味，正如今天笔者介绍——来自“英石之乡”英德锦溪河边的福寿鱼一样。

锦溪又叫锦潭河，位于广东省英德市石牯塘镇境内。放眼望去，河溪延绵10多公里，碧绿的水，湛蓝的天。据村民介绍，锦溪河水占地有2000多亩，水源上游四周是群山环抱，山上植被茂密苍翠，一派原始森林未经开发的味道。村民介绍他们这里养殖的福寿鱼与其他产地相比，个体更大，每条可达两三千克重，具有肉质嫩、味鲜美等特点，这都与其水质和环境分不开的。溪水清澈洁净而流速快，使得溪里的福寿鱼运动量加大；而生长在水中的植物、微生物丰富，为福寿鱼提供了独特食物来源，使福寿鱼得到更多的营养而生长得更肥美。加之这里的水温非常适合福寿鱼的生长，而最特别的地方莫过于这里的水质，据村民说，这里的水质碱性含量较其他的地方高，能使福寿鱼的肉质变得更嫩。

在锦溪边的茅屋里，村民捞上福寿鱼，现场就为我们烹煮，坐在茅屋，一边吸收新鲜的空气，一边品尝福寿鱼，真是人生一大乐事！据村民的说法，不同日子的福寿鱼就有不同的吃法，于是介绍两种吃法给我们品尝，一条用来清蒸，另一条“老身”的就用来红烧。

俗话说，一方水土养育一方人，也养育了一方福寿鱼，大自然恩赐不一样的水，养育不一样的鱼鲜味！为食一顿美味的福寿鱼，不妨有空到产地一试，锦溪福寿鱼起塘价2～3千克重的约为30元1千克，若你住在番禺市桥一带，到位于番禺广场的南岗喜宴酒家便可品尝到。

菜谱

1. 清蒸福寿鱼

在处理干净的鱼身上划上几刀抹上一点点盐，把姜片插入划开的刀口里面，然后在鱼肚里面也放几片，滚水后放入鱼，大火蒸约10分钟，最后撒上葱花淋上一点生抽加上几滴花生油，便大功告成。

2. 红烧福寿鱼

在福寿鱼身上斜划两刀，这样做是利于入味，用盐涂遍全身，然后生姜切薄片，葱白拍扁，葱切小段，接着热油锅，用姜片擦锅，爆香，之后擦干鱼身，下油锅，将两边煎至金黄，加生抽，加白糖，放葱白，加水，煮滚后转中小火炆8～10分钟，家厨说酱汁不用全部煮干，留点酱汁蘸着鱼肉吃，更加美味。

①

②

鲮鱼精品——"罗定鱼腐"

讲起"鱼丸"恐怕识者众多，而"鱼腐"这类鱼制品,相信若不是家庭煮手或者职业厨师那真有些陌生。笔者适逢那天在东川街市扫货，在一档熟食店前发现了一款久遗的鱼类食品——"罗定鱼腐"的身影。

"鱼腐"在珠三角早已闻名遐迩，尤其以"顺德大良鱼腐"、"佛山石湾鱼腐"最为出名。当然粤西的"罗定鱼腐"亦在肇庆一带甚为出名，但因物品流通的特殊性，所以未能在省城开花结果，因而这次发现这种食材，不觉有些惊讶。

"鱼腐"是罗定地区的传统美食，又名"罗定绉纱鱼腐"，其历史悠久，久负盛名，风味独特，是喜庆、节日不可多得的美食。"罗定鱼腐"主要由鲜鲮鱼青、淀粉、鲜蛋油炸而成。它营养丰富，软滑可口，甘香味浓，久煮不烂，老幼适宜食用。"罗定绉纱鱼腐"也是一种百搭美食，由它制成的各式菜肴汤鲜味美，热滚滚的汤汁，松软嫩滑的鱼腐，想起就让人忍不住咽口水。

相传罗定市的传统食品"绉纱鱼腐"，起源于清乾隆年间。“绉纱鱼腐”这一名菜，从它的起源之时起，就是这个地方宴客必备的菜式之一。当然好的食材需要与时俱进，因此，“罗定绉纱鱼腐”被列入广东省罗定市非物质文化遗产保护名录，加以保护。在罗定，鲮鱼有三种食法，叫“鱼三味”：鱼丸、鱼骨丸（又称酥鱼）、鱼腐。

在加工“绉纱鱼腐”时，先把鲜鲮鱼起肉，去骨剥皮，取净肉剁成肉茸，加鸡蛋清、粉心、食盐、水等调味料，反复搅拌成黏稠和有一定弹性的鱼胶，然后捏在掌中，压迫鱼胶从虎口处挤出小丸，再用汤匙剔落油锅，炸至金黄色时捞起备用。因鱼腐外面成半透明的轻纱，所以民间称之为“绉纱鱼腐”。绉纱鱼腐还有炆、酿、蒸、滚汤、火锅等食法。

进入夏季，市民的饮食习惯都趋于清淡，因而位于广九二马路江湾酒店对面的多利来菜馆“浓汤罗定鱼腐浸菜心叶”更是客人的首选。而番禺洛溪新城厦滘迎宾路旁的“实惠坚酒家”，大厨别出心裁推出一道“青芥汁蟹籽煮鱼腐”……总之食法多多。目前在大型街市都有“罗定鱼腐”的身影，有时间不妨采而购之、一展厨艺，品尝个中滋味。

菜谱

冬菇蚝皇罗定鱼腐

①小塘菜和鲜冬菇分别放入加了盐和油的开水里焯熟。

②锅里放少许生抽、两汤匙的蚝油、两小匙的砂糖、半杯水，煮熟后加入鱼腐煮3分钟，勾生粉芡即可上碟。

年份水鱼味不同

水鱼，又称鳖、甲鱼。水鱼浑身都是宝，有养颜美容和延缓衰老的作用。据资料所载，水鱼肉有滋阴补肾，清热消瘀，健脾健胃等多种功效；水鱼壳能治面神经，可除中风口渴，虚劳潮热；水鱼血可滋补潜阳、补血、消肿、平肝火。

现代人讲究养生，注重“冬藏、春生、夏长、秋收”。当下正值秋冬时节， 乃属进补冬藏的最佳时节，水鱼由于全身是宝，乃普罗大众进补之首选。现时市面上所销售的水鱼，多数是吃饲料催促生长而成。九个月大的水鱼在饲料的作用下快速生长，重量便可达到1.5千克左右，而要达到这个重量，以原生态放养而来的水鱼则至少需要三到四年时间。因生长时间较短，饲养的水鱼营养积累也就比放养的要少得多了。“老水鱼”的产地对原生态的保护要求甚严，为了保证水鱼的质量，养殖户必须将水鱼放养于茂密的山林丛中，四周人迹罕至，绝无污染，并且规定圈养三年才上市销售，所以其肉质相比起市面上销售的普通水鱼来得结实。

那究竟这“老水鱼”与普通水鱼有些什么不同的地方呢？且听笔者一一道来。首先从形体上看，“老水鱼”以自然的浅黄、灰黑为主，背面比较光滑，腹甲乳白或微红，而市面上所谓的野生水鱼如呈金黄色或不自然的黄色的，建议市民选购时就要慎重了。再看颈部，“老水鱼”颈部中央与两边颜色相比较浅，颈部伸长时，可以看到皱褶有如树干的年轮一般，一圈圈的，而四肢小腿起腂，一圈圈的，比一般水鱼要粗壮得多。一般的水鱼肉主要分布在四肢，内腔肉占的比例相对较少。再看看“老水鱼”，不但四肢饱满，而且内腔肉饱满结实，有质感，头缩进去后，还有一部分突出在壳外。“老水鱼”由于原生态放养生长，活动范围大，因而对外界的声音反应特别灵敏，而且性情活泼好动，较为凶猛，攻击性较强，爪子尖利，趾甲带黄色。而养殖水鱼则性情温顺，缩头缩脑，爪子由于生活在水泥池中经常摩擦的原因较钝。再有普通水鱼的裙边较嫩，而“老水鱼”厚而滑，因而煮的时间要长一些。

这上了年纪的水鱼非常美味，具有鸡、鹿、牛、猪、鱼5种肉的美味，素有“美食五味肉”之称。烹调手法亦相当丰富，既可红炆，香味浓郁，肉质软烂，富有胶质；又可炖汤进补，还可以加鸡肉做火锅，亦都是不错的选择。由于“老水鱼”生长周期长，营养丰富，而且销售的食肆亦不多，其售价也相对贵一些，500克要238元，在华南快速干线沙溪出口的恒丰酒家，便可品尝得到这“老水鱼”的不同“味”力。

菜谱

1. 淮山圆肉炖老水鱼

各药材洗净，稍浸泡；老水鱼以热水烫，使其排尿，切开洗净，去肠脏；猪瘦肉洗净，不用刀切。老水鱼连壳一起与所有材料放进炖盅内，加入冷开水1250毫升（约5碗水量），武火烧沸后改为文火炖4小时，调入适量的食盐。

2. 红炆老水鱼

①将老水鱼宰杀洗净，切块，然后用干淀粉和老抽拌匀。

②用中火热锅，下油烧至微沸，放入老水鱼块泡油约2 分钟，用笊篱捞起。

③下蒜子炸至金黄色捞起待用。

④余油倒出，爆香姜片、红辣椒后放入老水鱼块炒，溅入黄酒，加精盐、清水500毫升，同烧。

⑤烧至微沸、倒入砂锅内，用中火焖约20 分钟，下炸蒜子再焖约10 分钟软烂。

⑥待汤浓缩到约剩150毫升时，去掉姜片、红辣椒。

再用中火烧热炒锅，落油，倒入水鱼块，加味精、胡椒粉，用湿淀粉调稀勾芡，最后淋香油，炒匀上碟便成。

①

②

沙浦塘边鳙鱼香

俗语说“春鳊、秋鲤、夏三黎”，意指到了特定的季节，这些鱼最为肥美，正是品尝的最佳时间。秋天，当然要品尝鲤鱼啦，讲到鲤鱼中的佼佼者，首选肇庆高要出产的鲤鱼，它可是古时贡品之选。不过不讲你可能不知，高要这里除了鲤鱼的品质出众之外，在高要沙浦塘出产的鳙鱼亦以肥美闻名于外。

鳙鱼又称大头鱼，据说在中国的各大水域中都能看见它的身影，很早时便成为渔民的渔获来源，相关书籍亦有介绍，“鳙，产于江湖，似鲢而黑，头甚大”。沙浦塘有2000多亩水面，一年鳙鱼的渔获就有10多万斤。相传此塘的水质非同一般，只要将鳙鱼苗放到此塘中养殖，一年左右后便“身娇肉贵”，因为塘中除了独特的水质之外，土质也是非常适合鳙鱼的生长。生长在满是野生马蹄、茨实、麻茨等多种营养丰富的植物环境中，这些植物给鳙鱼带来了美味的“食材”，鳙鱼吸食了植物的根茎和果实，因而这里的鳙鱼肉质鲜甜、嫩滑、无泥腥味，而且营养更佳。据传因为塘里泥土富含硫黄，其鱼鳞较其他鳙鱼要细，鱼身的色泽也比较光亮，最特别之处，莫过于起网时，鱼身银白，而转到其他鱼缸后一个小时左右，鱼鳞便慢慢变灰黑色。

在沙浦塘旁边有多家农庄式的餐厅，这里所有鳙鱼都是即捞即吃，生蹦活跳，非常新鲜，而且农家粥水火锅的烹制方法，亦令烹制

出来的鳙鱼别有一番滋味。师傅将鳙鱼制成“啜鱼”，讲到“啜鱼”，相信很多人一直都以为它是一种鱼的名称。但其实所谓的“啜鱼”是厨师用直刀法切出来的一种鱼片，鱼片烫熟后看上去好似翘起的嘴唇，所以就叫“啜鱼”啦。味道清淡的粥底，更能烘托鳙鱼的原味，而且绵滑的粥底如芡汁般，令鱼肉不易烫老，保持爽滑口感。一边眺望沙埔塘的自然美景，一边细细品味鳙鱼天然的美味，可谓“味”景双收。吃鳙鱼，越大条就越好味，重约5千克的为最佳。民间有云“鳊鱼美在腹，鲩鱼美在尾，鳙鱼美在头”。鳙鱼鱼身味美且不说，其硕大的鱼头具有醒神健脑的功效，这就已经让人流连忘返。

鳙鱼在烹调上的方法很多，悉随尊便，而最能品尝到其精粹的，莫过于蒸、炆二法。

鳙鱼不论是鱼身的鲜美口味，还是鱼头的丰富营养，都是居家品尝和朋友聚会中的佳肴，绝对令你食指大动。好的食材，价格稍高亦是情理之中，沙浦塘出产的鳙鱼，市场批发价约每千克24元，可能是市面上“最贵”的鳙鱼。

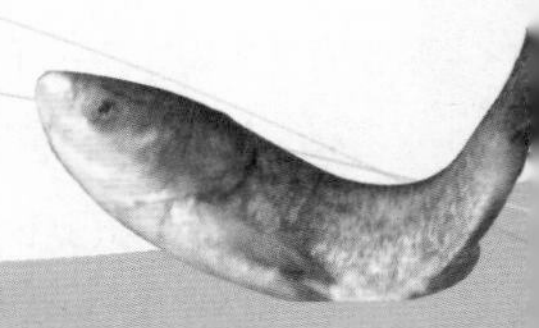

菜谱

1. 蒸鳙鱼

首先，将鳙鱼从腹部中间剖一刀，扒开两边，去掉内脏后备用，然后将蒸鱼的碟蒸热，再放上开边的鳙鱼。鳙鱼摆碟时一改侧放平蒸鱼的千年习惯，把鱼背朝天站立蒸，这样有利于蒸汽的运行和鱼体的易熟，这样蒸出来的鳙鱼食起来别有一番风味，入口鱼味突出，鱼皮爽滑，没有其他鱼的粗糙感觉，不腻口。

2. 大锅炆鳙鱼

先将买回来的鳙鱼切块备用，然后热油锅，加入红葱头、蒜头、葱段、青椒、红椒、烧肉、腊肉一起爆香，接着把爆香的配料放上已经切好的鱼块，撒适量盐调味，再加入胡椒粒以及豉油，盖上锅盖焗15分钟左右即成。

②

喜有此鲤

文岃鲤产于肇庆沙浦“文岃塱塘”。整个“文岃塘”只有七百亩水面，一年渔获约两至三万斤左右。相传此塘的水质非同一般，只要将文岃鲤鱼苗放到此塘中养殖，一年左右后便“身娇肉贵”，因为塘中除了独特的水质之外，土质也是非常适合文庆鲤的生长。鱼生长在长满野生马蹄、茨实、麻茨等多种植物中，这些植物给鲤鱼带来了美味的“食材”，鲤鱼吸食了植物的根茎和果实，因而文岃鲤的鱼质鲜美、嫩滑、无腥味。鉴别真伪“文岃鲤” 颇考功夫，首先看鱼体是否呈圆形状，身白、尾红，鱼鳞白中透红，鱼脊翅下方有否一条明显的金钱线。如果宰杀后更能体

现“庐山真面目”，就是鱼脊内壁有一层金黄色的鱼油，蒸熟后，鱼骨翅上方有一小圆珠。而一般普通的鲤鱼是没有的。此乃“喜食之鲤”。

文岃鲤早在很久以前已是南粤进贡朝廷的佳品，今日成为百姓桌上的佳肴，不愧为食客的一大喜事。文岃鲤的制作方法很多，在此，分享店家两款制作方式。

清蒸鱼类在平时餐桌上的制作都不是那么多搭配，而清蒸文岃鲤的搭配分外讲究。首先，备陈皮丝、红枣丝、葱丝。蒸时，热碟蒸，即将蒸鱼的碟蒸热后，再放上鲤鱼。而蒸鲤鱼时，鱼皮向下，鱼内肉向上，因为这样才不会流失鱼皮下的“鱼油”，食起来别有一番风味。文岃鲤入口鱼味突出，鱼鳞爽滑，没有其他鱼粗糙的感觉，不会腻口，食欲感很强。

鱼都可以焗饭，此乃制作的创新。将鲤鱼开膛扒在糯米饭上蒸熟，然后拆肉，与糯米饭一起拌匀，放入焗炉稍焗即可食用。进食时糯香扑鼻，鱼的鲜味与饭兼容，韧而黏，口齿留香，此乃店家镇店之作。好“鲤”还有好“鲩”，店家的另一特制就是“文岃鲩”。鲩鱼身雪白，体形短而粗。而招牌菜“油炆文岃鲩”，鱼不但没有烂，而且非常嫩滑、入味，没有油腻感，不愧为“厨林高手”。文岃鲤进入秋季正是“上水”最佳季节，也是最肥美的时候。由于产量不多，如需采购，除了自己到肇庆“沙埔塘”采购外，南海盐步“环球水产批发市场”有店铺定点销售。不妨前往扫货，一尝个中滋味，不失为乐事一桩。而品尝正宗的文岃鲤，则可以到位于番禺迎宾路厦滘路段“实惠坚酒家”、黄埔大道马场“广东人家”。

“喜”而感之，无非悦也，如有此美味之“鲤”，岂非有理耶。

菜谱

鲤鱼焗饭

将鲤鱼开膛扒在糯米饭上蒸熟，拆肉，与糯米饭一起拌匀，放入焗炉稍焗即可食用。

咸水鲩鱼的诱惑

“咸水鲩鱼”这个名字可能听者为之疑惑，鲩鱼放入咸水里还可以存活吗？现在可以告诉你，一定能生蹦活跳，并且活得很精彩。没错！此鲩鱼不同那鲩鱼，这就是咸水鲩鱼的“威水”之处。

鲩鱼在有些地方称之为草鱼、青鱼等。鲩鱼身形延长，躯干部略呈亚圆筒形，尾部侧扁，无腹棱、头中等大，吻宽而平扁，口端位弧形，上颌稍有突出。它鳞片颇大，圆形。侧线微弯，向后延至尾柄正中，背部青灰，腹部灰白，鱼味清甜，是市面销售的四大家鱼之首，而咸水鲩鱼的外形，几乎一致，唯一不同的就是整条鱼身呈银白色，鱼鳞光滑。咸水鲩的“演变”是由普通的鲩鱼利用特殊的养殖方法“改造”而成的。在“淡”转“咸”的过程中，鲩鱼的重量及鱼身健康程度都非常关键，所谓健康就是在鱼塘捞上来的鱼要生蹦活跳，大都选择2.5～3千克规格的标准，让它们在特制的鱼池里逆水而游，经过数月的循环运动，保证了鱼质的卫生，然后转池至大约池水咸度为8度的鱼池循环水养殖，到一定的时间之后养殖水的盐浓度控制在12度，咸水鲩鱼就是在这种清静的养殖条件下，用一定的时间饲养出来的。这种鲩鱼比普通的淡水鲩鱼具有更爽脆、鲜甜而富弹性的肉质，不腥又没泥味，所以获得无公害绿色产品认证乃实至名归。

咸水鲩鱼，目前市场销售的地方位于新广从路竹料附近，而以“咸水鲩”作为招牌的食肆并不是很多，有位于大南路的“富康鱼庄”，大金钟路与广源路交界的“渔皇明珠酒家”，两家食肆所销售的咸水鲩鱼都是经过环保水袋养殖的。最容易辨别鱼的好与坏是，察看鱼肠就能辨别出鱼的质量，鱼肠黑色的则这条鱼是“朱二绳”，而鱼肠是白色的即是上品。咸水鲩个头比较大，所以用作一鱼多食，是不错的选择，如：鱼皮白焯或凉拌，鱼头滚汤，鱼腩煎焗，鱼身椒盐，鱼尾豉油王等等。酸、甜、咸、辣，悉随尊便。如果食得刁钻的话可以加些田螺、羊肉下去一起焖……几种原本没什么关联的食材“混”在一起，味道真是比想象中的好得多了，这便是学问之所在。

咸水鲩鱼的出现，更加满足了一大批饕餮者的嘴馋。“食在广州”已是久负盛名，因此，新的食材将会被发掘，而更多、更新、更健康的食材供市民选择，正如俗语所云，“世间无正味，可口皆为美”，好的食材将会发扬光大。

菜谱

1. 砂锅焗咸水鲩

将咸水鲩宰杀洗净、斩件、调味，用姜片、葱条、蒜子放入砂锅中焗熟即可上席。

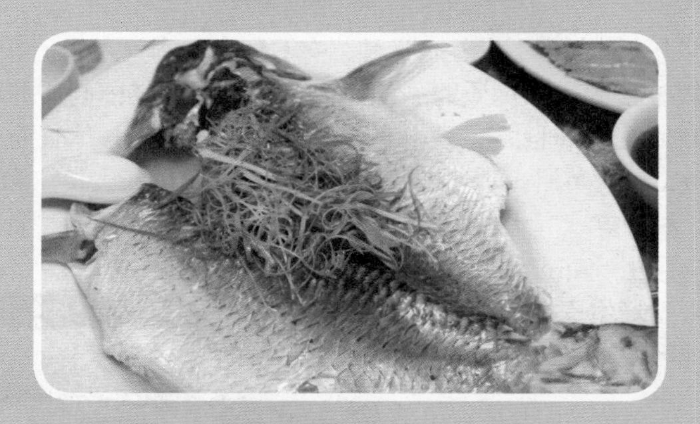

2. 清蒸咸水鲩

①将咸水鲩的鱼鳞刮除干净，从腹部剖开洗净，将内脏取出。

②将鱼由腹部摊开成一片，摆放在碟上。

③等水滚后，将碟放入锅，用武火蒸约10分钟。

等鱼熟后取出，将香菜叶覆盖在鱼背上即可。

漪涟南水库粼光，艇上品尝黄尾鱼

韶关南水水库的淡水鱼种不下五六十种，有石鳜鱼、吻鱼、骨鱼等等，鱼质一流。省城相对比较难食到这么优质的品种，而黄尾鱼就是其中肉质非常鲜美的一种。黄尾鱼据资料所载属鲤科的一种中小型鱼类，头尖嘴小，体长而侧扁，银白色，尾部呈麦黄色，俗称黄尾、黄片、黄尾刁。在我国的黄河、长江和珠江均有分布。常见于江河、湖泊等宽广水体中，喜栖下层，适应于流水生活，食性杂，常以绿藻、蓝藻、水生昆虫、虾、浮游动物等为食。但近年来其野生资源遭到严重破坏，导致一些地区很难见到，因而价格不断上扬。

黄尾鱼体长可达40厘米，体重大的可达200～250克。头小而尖，吻钝，口小，下位、下颌缘发达，以下颌角质边缘刮食底层着生藻类和高等植物碎屑，尾鳍浅黄。它肉质鲜嫩，营养价值高，从现代人食用角度来看，属一种具有高经济价值的绿色优良类鱼种。

在水库旁的小艇上，买上黄尾鱼，渔家可代为加工。坐上小艇，一边吸收南水水库的新鲜空气，一边品味鲜味无比的黄尾鱼，真是人生一大乐事！黄尾鱼清蒸为最好，鱼味鲜甜无比。除了清蒸黄尾鱼之外还有多种做法，高级食肆酒店以食汤取其鲜汁为主，鱼肉细腻无腥味；另一种是将原条鱼炸透后，用豉油、原粒豆豉、椒圈、蒜子煎焗，为了连骨都消灭掉，可放入高压锅内压两分钟，那鱼幼骨基本软化，而鱼鳞亦一同消灭掉。黄尾鱼在水库打捞后，一般情况下养活的可能性比较少，有渔民形容它“好鲜易死”，即行话的“见光死”。而购回黄尾鱼之后宜先除去内脏，最后的方法就是炸透备用，常温下可放三至四天，放入冰箱或冷库的话，保鲜会更长些。如果有新鲜的话，清蒸食用时，一定要小心，否则很容易“中招”，因为其鱼幼骨太多；煎完熬汤的话，汤鲜无比。当然为食一顿美味的黄尾鱼，不妨有空到产地一试，若你住在芳村一带，到位于广钢旁的“欢聚一堂”酒家便可品尝到。食材林林种种，多挖掘必定有意外收获。

菜谱

1. 豉蒜蒸黄尾鱼

原条鱼炸透后，与原粒豆豉同蒸。

2. 清蒸黄尾鱼

①把洗净的黄尾鱼身上均匀地铺上姜片上锅蒸8分钟左右，把蒸鱼豉油也上锅蒸3分钟左右。

②把蒸好的黄尾鱼拿出来倒掉腥水，捡去姜片，把葱段均匀地铺在黄尾鱼身上，然后浇上蒸过的蒸鱼豉油。

把锅烧热，倒入少许生油，等到油温五成熟时，把烧好的油淋在蒸好的黄尾鱼上，就可以上桌了。

鳙鱼大侠——金鳙鱼

金鳙，相比起其他鳙鱼来说，它个头就大了一些，估计体重有5千克左右。细看它的鳞十分细小，颜色比较鲜艳。金鳙鱼的头和尾都是金黄色的，体表浅灰黄，十分漂亮，故得“金鳙”之名。本来是黑色的鳙鱼又怎么变成金色了呢？据养殖户的说法，原来这种金鳙鱼一开始也是黑色的，但是在生长过程中出现了基因突变，因而逐渐变成了金色，这种突变的概率只有千万分之一，像这种有5千克重的金鳙鱼是十分罕见的。这种基因突变可能和它的生长环境有关，这里远离城市，四周山清水秀，而且该河流源于附近的山泉水源。由于别人看它长得比较喜庆，市场比较看好，价格就比普通鳙鱼要贵。

在放养金鳙鱼的河边，笔者见到不少其他鱼类的踪影。据介绍，金鳙鱼适应性较强，当地人在主养金鳙鱼时，一般会混养少量普通鳙鱼，又或者与鲩鱼、罗非鱼等混养。金鳙鱼喜欢生活在静水的中上层，动作较迟缓，不喜跳跃，主要以浮游动物作为食物，也食一些藻类，细看你还会发现周边还种植着水草。以养殖户的说法，是为了高温季节时给金鳙鱼提供休憩、避暑的场所。

金鳙鱼的精华在于头部，常用来炖汤，可补充大脑营养。除此之外清蒸、红烧皆可，既有滋补功能，又迎合了喜庆氛围，适宜喜庆宴席。据中医的说法，金鳙鱼鱼头富含胶质蛋白，脂肪和热量都很低，食之有健脾补气、温中暖胃、美容润肤之效；用以炖汤的豆腐，蛋白质和钙含量丰富，有清热润燥、生津解毒、降低血脂的作用。饮用这道炖汤不仅可以暖身健脑，还可以使人皮肤润泽细腻。

据养殖户的透露，金鳙鱼的养殖周期比较长，一般要养十到十二个月才可收获，上市规格一般在两三斤。目前珠三角地区金鳙鱼的养殖群体不是很大，在顺德地区的龙江、乐从、杏坛等镇有少量养殖，上市的金鳙鱼价约为12元500克。

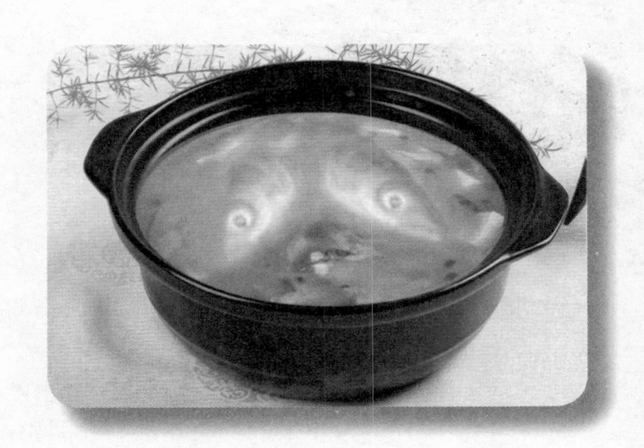

菜谱

金鳙鱼头炖豆腐汤

首先将鱼头洗净，从中间劈开成两半。锅中放油烧热，将鱼头块入锅煎至两面略微焦黄。将鱼头拨到锅的一边，放入葱、姜略爆，注入适量热水，以没过鱼头为宜，加盖大火煮至沸腾，改中小火煮十几分钟直至汤呈奶白色。将切块的豆腐放入，中火煮5分钟左右，调味即可。

粤北山涧蓝刀鲜

由于工作的关系，笔者越发喜欢吃鱼，而且对河鲜持有格外喜爱之情。今天突然回味起蓝刀鱼的焦香味道，于是四出寻找几家经营河鲜的餐厅，最后得偿所愿，在农林下路竹丝岗二马路珠鹰大厦的品致尊食府发现了它的身影。

在省城，蓝刀鱼的知名度可能不是那么高，可是在粤北农家也是有名的河鲜，尤其是3～6月份的蓝刀鱼肉质最为鲜美，不在此时品尝更待何时。根据所查找的资料介绍，蓝刀鱼的学名叫餐条，俗名又叫白条、餐子、浮鲢，是一种小型的鱼类，一般身体长约10～14厘米，间或也能发现长达24厘米的，每年的4～6月份产卵，也正因此特别鲜美。在鱼池里观看这蓝刀鱼，只见它体被中大圆鳞，薄而易脱落，尾鳍边缘灰黑，行动迅速。蓝刀鱼的腹部有一抹蓝亮的鳞片，娇小的鱼身与刀也有几分相似，继而得“蓝刀”这一名字。蓝刀鱼分布非常广泛，不过在鱼类生态链中，蓝刀鱼却只是四大家鱼等鱼类的食物，而且少有渔户养殖，大多是天然野生的，好比如店家这些蓝刀鱼，就是来自粤北山涧里的。该处深山幽谷的溪涧清泉，水质清洁，含各种有益的矿物质，对蓝刀鱼来说更是理想的生长环境，其肉质、味道比一般的鱼要鲜。在20世纪六七十年代，蓝刀鱼由于体态小，只作为捕鱼者的副产物，很少有人专门去捕捞这种小鱼。间或有些小孩子贪玩去捉几尾回来，必定拿去锅里炸，小孩都喜欢香口嘛，于是这“非主流”的小鱼儿也就成为刺激现代人味蕾的美食之一。

听闻蓝刀鱼不能用手碰，一碰身上的鳞片就会掉，一掉就会死，所以人们常说蓝刀鱼一上岸就“挂掉”。那怎样才能活捉这活蹦乱跳的小顽皮呢。聪明的捕捞人就在一圆盘上面绷一层透明的塑料膜，中间开一小孩拳头大的洞，盘里放一般诱饵，蓝刀鱼就会想方设法从塑料盘中间的洞进去，但一时半会又出不来，过几分钟去取盘取鱼，再放盘，重复之，只要鱼多，半天下来便能活捉它几大筐。

如此鲜味十足的蓝刀鱼，吃法亦非常多样，由于幼骨特别多，想吃得香口而且方便的就可以用来酥炸，要突出其鲜味的，亦可以用豆豉蒸的传统粤菜方法烹制，使鱼的肉质细嫩鲜美，加之豆豉的酱香，浓郁可口。而吃鱼最好的，莫过于顺德风的做法，起骨后做成鱼丸、鱼饼，其鲜味更是鲮鱼无法相提并论的。在餐厅品食的话，香煎鱼饼38元一份。

菜谱

豆豉蒸蓝刀鱼

先把鱼杀好用少许盐淹半个小时，然后下锅，煎至两面金黄色，平铺上适量的姜丝、豆豉、辣椒丝，花生油放入高压锅隔水蒸15分钟。

自 然 的 馈 赠

水产之味，鲜美佳品

水产篇

ShuiChan Pian

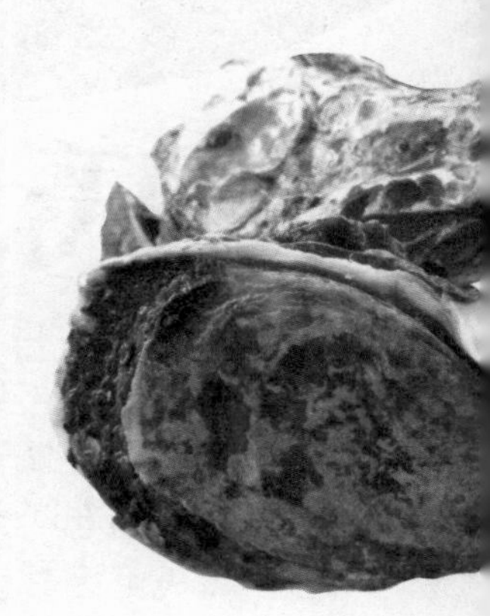

罗氏虾族“大哥大”

俗话有讲：“三月黄鱼四月虾，五月三黎焖苦瓜。”现在正是河虾当造时期，这时的河虾正处于新旧交替的时候，新虾未产卵，正是肥嫩时节。历来讲究“不时不食”的老广当然不能错过这爽脆清甜、鲜美绝伦的清明河虾。其中 “淡水虾王”罗氏虾因其壳薄体肥，肉质鲜嫩，味道鲜美，营养丰富，富有一般淡水虾类的风味的同时兼有近似于蟹黄的特殊鲜美之味，成为不少食客的首选目标。有位同行闻得在番禺有一种“超大”的罗氏虾非常的鲜味，于是“吹鸡”相约笔者一众前往觅食。

旅途上我们一路高歌一边寻觅，终于在一间食肆里发现到那“庞大”罗氏虾的身影。只见它青褐色，身体肥大，比我的手掌还要大，尾部附肢变化为尾扇。头胸部粗大，腹部起向后逐渐变细，最特别的还是它的钳，表面带刺，而且差不多有一支筷子那么长。见到这庞然大物，岂能不一试为快？于是立即点了几道，搞一席“罗氏虾宴”。过了一会儿，一道“原只蒸罗氏虾”就上场啦，果然够“大只”，四只罗氏虾共重750克，每只有成200克那么重，要动用到大竹笼才装得住。“吹鸡”的老大介绍罗氏虾原只用笼仔蒸最好，蘸美极生抽，风味绝佳，虾头含有丰富氨基酸，十分美味！而且还要我们先试试罗氏虾的“虾钳”！点解呢？原来咬开带刺的钳壳后，那剥出的虾肉比一般的筷子还要粗，实实的，比蟹柳来得鲜美！要对付这只“带刺的玫瑰”，最好自备尖嘴钳、剪刀等工具，否则，一个不小心，你还没有享受到第三只的“虾钳”，已经被它刺伤啦。再使劲撕开它的外衣品尝它的肉，当真是肉嫩味美，新鲜爽口，趁热吃，更为鲜甜。总之就是

爽！鲜！甜！接着扒开它的头盔吮虾糕，那强烈的河鲜甜味冲击你的味蕾！接着的一道“罗氏虾刺身”更是能吃出罗氏虾的精粹。新鲜的虾身劈开两半、虾肉晶莹通透，排成圈铺在冰上十分好看，肉质细嫩，口感极佳，蘸点芥末和其他酱料后送入嘴里，让人回味无穷。而虾头则用来制成椒盐虾头，别有一番风味。据店家说进货价约为60元500克。

罗氏虾可以用多种方法烹制。不过在一般家庭里都以白焯、荷叶蒸或蒜茸开边蒸的做法居多，假若你觉得太平凡，可以做一道“头抽焗罗氏虾”来为你的味觉带来新色彩。

菜谱：

1. 原只蒸罗氏虾

将虾洗净放入蒸笼蒸熟即可。

2. 头抽焗罗氏虾

将罗氏虾剪去须刺，再将罗氏虾加盐、豉油、姜、葱腌1小时；再在锅里放油，烧热后倒入罗氏虾，炒至七成熟，放白糖，适量加些水，烧滚后去泡沫，再倒入砂锅中稍焖，最后用大火收汁即成。

侨乡铜鼓紫菜分外香

讲起侨乡五邑，因为其拥有咸淡水海岸线，所以海产品十分丰富，譬如大家耳熟能详的深井蚝、虾米、蚝豉、淡菜、淡口咸鱼等等。其实好的食材在五邑一带还是非常丰富的，只是平时没有留意而已，正如来自台山铜鼓的紫菜一样。

紫菜虽不是十分名贵的食材，不过要买到好的，就不是一件容易的事情。铜鼓紫菜是台山著名的土特产之一，据《新宁县志》物产篇中记载："紫菜，生大海中礁石，正青色，取而干之，则紫色，产铜鼓者尤佳。"铜鼓紫菜，严格来说并非产自铜鼓村，而是铜鼓一带的村民到附近海面的大礁石上采集回来的。铜鼓紫菜大片而且厚身，其体长自数厘米至数米不等，咀嚼起来，味鲜美又脆口。能有这样好的特色，同附近的自然环境很有关系。紫菜有一种很怪的"脾性"，风浪越大的地方，长得越多越茂盛，而铜鼓附近海面，风浪特大，为这里特产紫菜创造了优越的自然条件。

铜鼓紫菜可口，但是采集起来却是一件艰辛的工作。据村民所说，紫菜只生长在风浪较大的岩礁上面，而且只在冬季冷天才会出现，采紫菜的人要像攀岩运动员一样在湿滑的礁石上攀爬，一手抓着吊绳或岩壁，一手将紫菜推滚成束后放进篓子里。采回来后，村民先将刚刚从篓里摘回来的紫菜剪碎，这就是“切菜”。之后就是准备拿去晒啦，晒菜这一程序就十分讲究。由于当地采用天然干燥的晒菜方法，就是把脱水后的菜帘放在晒架上，放置于阳光充足的晒场上晾晒，晾晒过程一般“菜饼”上端先干，后把菜帘上下位置对换，使之干燥均匀，保持外形及色泽。这样晒出来的紫菜色泽油光，形态好。为保证紫菜有足够的日晒时间，村民在大冬天的一早就要起床准备，这样才可以赶在傍晚日落之前剥菜。

铜鼓紫菜营养丰富，与其他食材搭配便可以烹制出各具风味和食疗功效的紫菜汤。就譬如有赤溪名汤“紫菜蛋花汤”，补碘又补钙的“紫菜虾皮汤”，降血脂益中气的“豆腐兔肉紫菜汤”等等。当然，想吃得比较时尚的，还可以将其加工成海苔，烹制一道海苔虾仁饭。

铜鼓紫菜除了在五邑一带的海味店有得出售之外，广州一德路的海味批发市场偶会见到其身影，俗称“头水”的紫菜价格约为50元500克，稍为便宜一些的“二水”，价格约为35元500克。要挑选品质好的铜鼓紫菜，行家就话要用望、闻、问、切的方法去分辨。望：看上去油光发亮的紫菜通常是经过人为喷油加工，口味欠佳，而好的铜鼓紫菜表面看上去应该干涩且光泽自然；闻：用手拿起紫菜来闻一闻，好的紫菜会有一股海味独有的清香，而不会有其他异味；问：多问几家店家；切：好的铜鼓紫菜手感坚韧而且干燥，撕下一点铜鼓紫菜直接品尝，好的紫菜咀嚼起来有自然的鲜香口味，而且无沙粒。

好的食材通过细心挑选将会有意想不到的收获。

菜谱

豆腐赤肉紫菜汤

将紫菜撕成小片，赤肉切薄片，加细盐、黄酒、淀粉拌匀，嫩豆腐切厚片。锅内放清水适量，煮沸后先下豆腐片和食盐，再沸后入赤肉片，中火煮5分钟，调味，放入葱花，立即起锅，倒入盛紫菜的瓷盆中，搅匀即成。

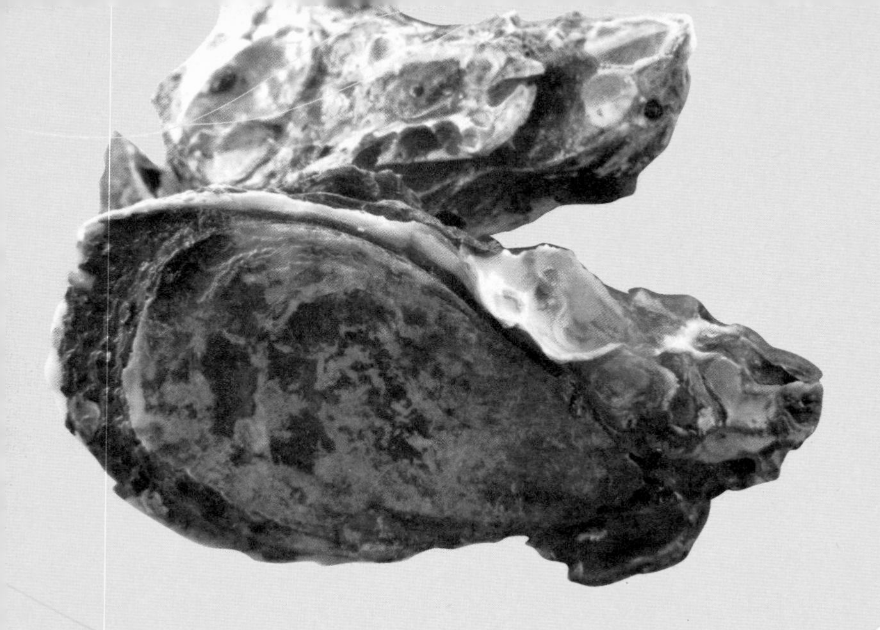

红树林边的深井蚝

蚝，学名牡蛎，在南粤大地盛产的地方都不少，如横琴蚝、阳江程村蚝、沙井蚝等等不一而列。它们生长的地方及水域都不同，而台山深井蚝与其“兄弟”们生长的水域亦有所不同。深井蚝生长在咸淡水交汇处，周边有大片的红树林，这里的水域生长出的蚝肉质鲜美，天然无污染。而深井蚝大致分两个品种，白蚝为养殖、黄蚝为野生，区分其只是白壳和黄壳之分，其中以白蚝品质最佳。它具有适应性广，快大，易肥的特点，蚝肉其形态宽身、体白，吃起来特别爽口，鲜美，无渣。

在省城售卖的蚝种大多以湛江水域品种居多，而深井蚝则是食品厂的“宠物”，故此，不见其影便闻其味，“深井蚝油”更是久负盛名。据介绍，台山深井蚝的过人之处与其生长环境及养殖有很大的关系，深井蚝养殖的水域以镇海湾水源带为主，并且采用吊绳技术，吊在棚架上的绳可随海浪飘荡，蚝苗摄食的空间更大，悬吊让海水回流更充分，蚝摄取的海生物更多，故而养殖的蚝肉更肥。吊绳每串蚝苗背靠背对粘在绳子上，一条绳子一般粘9对18个蚝，深井产的蚝特别优异，不仅个体肥壮，色泽乳白，而且肉质嫩滑可口，极富营养，是蚝中上品。深井蚝最出名当数蚝油，但用深井鲜蚝晒的蚝豉亦不赖，是归国华侨回家的手信之一。

进入冬至以后就是深井蚝进入“膘”期的最佳时间，蚝民亦都在冬至后才收成。深井蚝不论黄蚝、白蚝，都有一个共同特性，蚝肥则有“粉”，白蚝一般养殖四五年便可以收获。生蚝有益人皆共知，男士食用健脑生精；女士食用可增加皮肤弹力，调节内分泌。生蚝又是补钙的良品，生蚝肉味感涩，性微寒，归肝心肾经，具有滋阳，养血，补五脏、活血，充肌之功效，是绿色健康食品之一。

深井蚝在当地销售蚝肉每千克约50元左右，而在省城大的海产品批发市场偶尔都见其倩影。至于品尝个中滋味的食肆，亦都不少，如位于番禺迎宾路厦滘路段实惠坚酒家、新港东赤岗北誉厨味稻酒家、鹤洞大桥旁东塱欢聚一堂酒家等等。其中有个别店号烹制的菜式创意不错，一道“蒜茸深井蚝蒸香芋丝”，蚝味尽情释放，加之蒜味恰到好处的搭配而最后香芋丝将生蚝的精华全单照收。再来一道“鸡汤蒸云耳生蚝”，更是绝配，生蚝饱满而不失原味，入口爽而鲜，无渣，加之鸡汤特有的鲜与蚝汁一起，“火花”四溅，最后“烩”云耳，识食之人，先食云耳再食蚝。好的食材加之创意十足的搭配，就是享受生活最写意之时。

菜谱

鸡汤蒸云耳生蚝

①鲜蚝开壳，取出蚝肉洗净备用。

②云耳浸发洗净备用。

开锅下油，爆香姜片，下云耳，大火翻炒片刻，溅少许米酒，加入鸡汤和胡椒粒，以盐调味，煮开后放入生蚝，中火煮3分钟即可。

浓郁腊味，
别有风味

腊味篇

LaWei Pian

冬日里的泰和酱封肉

在中山，当地人流传着“食腊味，到黄圃”。黄圃腊味不仅鲜美适口、腊香浓郁、食而不腻，而且历史悠久，提起腊味的由来，几乎每个黄圃人都会讲一段“古”。相传早在100多年前冬季的一天，黄圃一名叫王洪的卖粥档主，因天气奇冷，准备好的猪肉、猪肝、粉肠等肉料因无人光顾而卖不出去。王洪尝试把粉肠掰衣，将肉料腌起来切成粒塞进肠衣内，再用水草分截绑好，悬挂在屋檐下，经数天风干日晒，便制成了原始的广式腊肠，由于腊肠吃起来香而不腻，别有一番风味而深受欢迎。此后他依照腌制腊肠的方法，又制成了腊肉、腊鸭等腊制品，后来黄圃人争相仿制，流传至今。

中山黄圃腊肉，笔者见得多，但这“泰和酱封肉”还是头一次见。打开包装，只见一大块荷叶，用细线包裹成一条长棍的形状，好像是糯米鸡的加长版，拆开线，打开荷叶，一阵独特的豉香味扑鼻而来，再看看，只见一块酱红色的腊肉呈现于眼前，与其他平直一块的腊肉不同，这腊肉的边缘有少少翘起，造型甚是特别，而且与普通腊肉相比没有那么肥。于是便与这位朋友一起驱车前往，一睹这“泰和酱封肉”的庐山真面目。经过朋友的介绍，与制作的师傅一阵寒暄，他便带着我们参观工场。据他介绍，腊味虽然是传统食品，但创新也很重要，比如在口味、造型上都可以下功夫。例如今年他们就开发了梅花造型、大刀造型的腊肉，很受客人欢迎。而“泰和酱封肉”也是新开发的产品。据介绍这“泰和酱封肉”的制作并不复杂，经过腌制、包裹、生晒这几个步骤，之所以会用荷叶包裹着酱腊肉，除了可以让晒出来的腊肉造型上会两边翘起，使产品从造型上与其他产品有差异之外，另一个原因就是要酱腊肉与荷叶同晒的时候，吸收了荷味的清香，吃起来不会感到油腻，满足时下人们想吃得“野”味，又吃得健康的要求。

诚然，腊肉的食用方法有多种，最基本的就是蒸、炒、焗这三种方法。清蒸，就最能吃出这“泰和酱封肉”的特色；炒，可配以时蔬、菜豆，甚至腊味炒饭，也是一番美味的品尝；焗，当那份腊味的清香渗入白米饭里，其“味”力诱惑使人无法抗拒。黄圃镇销售的泰和酱封肉38元500克。

菜谱

酱肉炒时蔬

①蒜末下温油锅里爆香后下切好的酱肉同炒。
②下8勺子水，盖锅盖让酱肉闷熟，也是为了让它不要那么“热气”。
③就着酱肉出的油下青菜炒。
④最后用少许糖、盐、生粉打冷水芡，翻炒后就可以上锅了。

金秋时节枣肠香

东莞腊肠在南粤坊间盛名已久，传统东莞腊肠在制作选料上非常讲究，瘦肉部位选猪后腿，肥肉部位选上腩，连腊制的酒都要选山西特级汾酒，与一些地方腌腊肠用的头酒不一样，而豉油更是自晒顶级头抽，肠衣选用猪小肠衣，故此，制作出的腊肠当然与众不同啦！据老师傅所讲，以前的东莞腊肠全部手工制作，瘦肥比例7.5：2.5比较合适，肉料腌约一个晚上，才能手工切粒，并且加上适量的鸭肝、猪肝等一起拌馅，一斤湿腊肠晒成干品腊肠约五成半。除制作工艺严谨之外，连晒腊肠都有讲究，一般每串腊肠不会超出1米，每节长约3～4厘米，粗约直径3厘米，因而便于竹竿的晾晒，而层叠的“层”约四层。老一辈师傅制作东莞腊味都是传统制作，故此，每个工序都有周密的流程，晒棚不高不低，方便转“竹”，亦使腊肠本身四周围都能晒到阳光，令肠内的水分充分挥发，晾晒约一星期就可以上市销售。当然现代社会的进步很多腊味厂都转用机械化制作，而露天阳光晾晒方式亦都转为“远红外线”烘晒，在质量的稳定性和标准化生产上得到有效保证，但食惯传统腊肠的客人始终眷恋传统的“东莞枣肠”。而传统的东莞腊肠的价格亦不菲，市面价约38~43元/500克。

东莞枣肠以味鲜、甘香、爽脆而著称，所以有这样的品质，与其制作不无关系。东莞腊肠“短而粗”，这样的“体型”或多或少都有其奥妙之处，好的腊肠的外皮是酱红色的，肥肉呈大斑点白色，形似粗石粒，晒干的腊肠水分干燥但有不规则的花纹，肠身结实，用手抓起没有油渍，唯有腊肠特有的香味，不爆油，证明这批次的腊肠晒得恰到好处。而上乘的腊肠则是肉香味浓郁，实而无渣，肥而不腻。东莞地大物博，各乡镇制作的腊肠外形都大同小异，而“味”方面则有所不同，近水乡区域的地区味为大咸而偏甜，而客家人聚居比较多的地方则以咸香为特色。在日常烹制时老师傅都会提醒食客，腊肠要用温水浸泡10分钟左右才蒸，这样的腊肠会更加入口“爽脆”，而肉汁更加丰富。坊间食东莞腊肠多以原条蒸或焗饭，但识食之人口味通常都非常“刁钻”，如东莞茶山镇金多多酒家出品的“东莞腊肠蒸无渣粉葛”，不但荤素搭配得恰到好处，口感别有一番滋味，既有腊肠的香味，加之粉葛的粉甜，食多几块不觉有“腻”的感觉，创新之余那当然少不了东莞腊肠焗饭哪！

菜谱

1. 东莞腊肠焗饭

原条放进煲仔里与糙米饭同焗。

2. 东莞腊肠蒸无渣粉葛

无渣粉葛切片，与枣肠相隔而放，铺在碟子上同蒸。

①

②

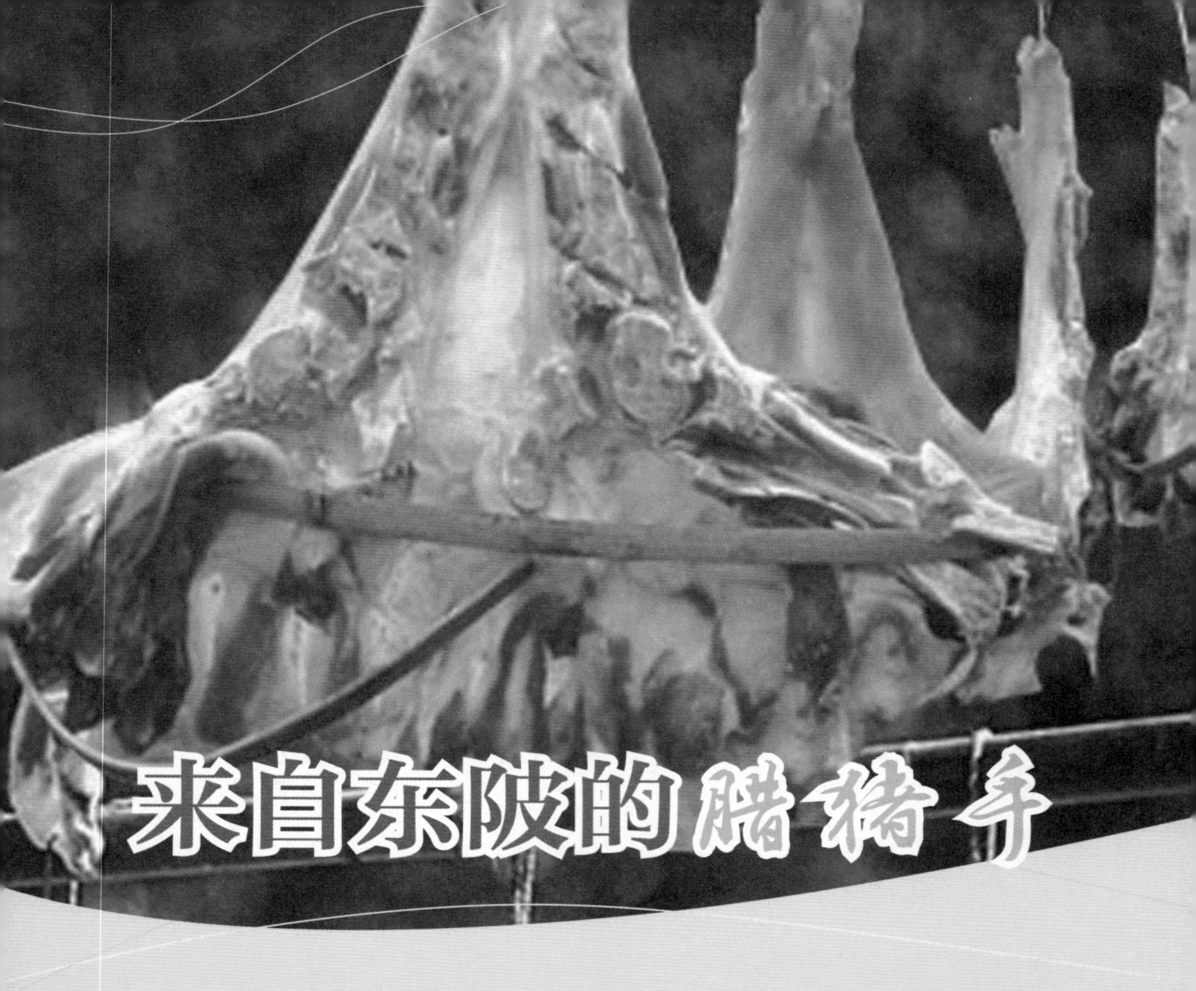

来自东陂的腊猪手

有人说东陂腊味好全靠风，连州东陂街的风，街东和街西的也不一样哩。据介绍，东陂，置身群山环抱之间，脚下流淌着世界上最长的地下河，凉风一阵猛过一阵，细细品味，不难嗅出一丝丝甘甜。由于上天的造物之功，这里成为岭南地区感受北方冷空气南下最为敏感的地带，每逢秋冬时节，周围地区往往云雾缭绕，但东陂却往往凉风阵阵、天气晴朗。不在这里制作腊味，简直就是“暴殄天物”。三百多年来，“东陂腊味”的生产已成为当地的民俗，一踏进秋冬，东陂到处都是一派晒腊味的火热景象，而且天越冷腊味就越香、脆、爽。

听当地人的介绍，腊猪手的起源，还有一段故事。传说以前，人们买猪时常只爱猪肉不要猪手猪脚，屠户们天天杀猪，看着新鲜的猪手就这么剩下来，而自己又吃不了那么多，变质了就倒，多么浪费！于是乎，勤俭节约的屠户人家就将猪手收集起来，学着腊肉的方法，用食盐铺撒面上腌上一晚，次日又将用盐腌制了一夜的猪手用绳吊挂起来，过了大约15天，那户人家便将腌制的猪手取下煮食，发现味道竟不同一般，咸香可口，腊猪手亦从此而生！

当然这段故事的真伪我们无从考究，不过东陂腊猪手的美味却令人叹服。近几天又遇湿冷阴雨，烹制一煲“腊猪手萝卜煲”，暖一暖胃，很适合湿冷阴雨天食用。将腊猪手清洗干净后，放入滚水中“飞”一“飞”水，取出备用。萝卜去皮，切成菱形块状。锅内放入腊猪手、萝卜块、胡椒、适量水，盖上锅盖，煮熟调味即可，此菜肴在民间一直被认为是大补气血的食疗佳方。萝卜在民间素有“小人参”之美称，也有“冬吃萝卜夏吃姜，不要医生开药方”之说。腊猪手爽口甘香，清甜的汤底加点胡椒，十分暖胃。

要挑选东陂腊猪手，可从外观上鉴别。由于采用自然风干，至少15天的晾晒时间，猪手的瘦肉部分呈暗红色，外表干爽，质地较硬。而其他品种的往往采用烘烤或其他加热方式，使得产品瘦肉部分呈鲜红色，水分含量也相对较高，质地相对较软。东陂腊猪手在一些售卖粤北土特产的店铺有出售，市面售价约为35元500克。

菜谱

腊猪手萝卜煲

将腊猪手清洗干净后，放入滚水中“飞水”，取出备用。萝卜去皮，切成菱形块状。锅内放入腊猪手、萝卜块、胡椒、适量水，盖上锅盖，煮熟调味即可。

来自连州的腊乳猪

诚然，食物之“宝”无非个人所好之至，而好的食材还是与诸君共享方为开心逸事。腊味的品种在市场中可谓琳琅满目，有大家熟识的腊肠、腊肉、腊鸭、腊猪脚等等，但有一腊味品种恐怕街市不是有那么多的卖，那就是“腊乳猪”。此腊乳猪来自粤北山区的连州东陂，连州地处广东与湖南交界处，因为当地工厂相对比较少，地形起伏的山丘，无污染，故此，小溪流水、村庄的空气非常清新。村民民风淳朴，饲养之家禽都是传统养殖，所以肉味非常浓郁。尤其进入秋冬，当地的气温要比省城低好几摄氏度，原来东陂腊味是靠山风来风干。一条自西北方峡谷钻出来的西溪，缓缓地流到东陂镇边，也把习习的山风带到了镇上。这样的天气非常适宜“晒腊味”。东陂村受连州管辖，东陂独特的地理位置所形成的自然风景、气候条件最适宜腊制肉类。相传早在明朝年间，有两位来自莞城的移民迁居于此，并且带来传统腊制肉类的技术，结合东陂的特殊环境及农家饲养的禽畜进行腊制加工，甚得方圆几十里村民的欢迎。

讲起东陂腊味，可谓驰名三百多年历史，由于坊间产量不多，一般都是出口创汇为主，村民留少许自用及馈赠亲友之用，所以知者甚少，因而市面的售价都相对比较贵。东陂腊味盛名已久是毋庸置疑，而东陂腊味最出名的当数“腊乳猪”。腊乳猪是选用4公斤左右的花白乳猪作为主料，将小乳猪剔除骨头后腌制，用炒干的碎盐腌；腌好后再以温水洗净，晾干水，淋姜汁酒，涂上糖和香料粉，备竹片固定成形，放在凉棚处晾干，日间太阳晒，晚间“打冷风”。这样一来二往腊好的乳猪皮薄、肉嫩、脂肪少、造型靓、风味独特、口感韧而鲜美，肥肉少且爽脆不油腻、无渣，可谓是腊味中之极品。东陂的腊味，闻名粤港地区和东南亚诸国，当地人常引以为自豪。东陂人心灵手巧，东陂的腊味不仅品种繁多，而且制作奇特。除腊乳猪之外，还有几款腊味也是非常有特色的，譬如腊蛋、腊狗、白腊肉等，风味独特，别具一格。

东陂腊乳猪的烹制一般为炒或蒸，斩件蒸鱼干，又或者腊乳猪蒸萝卜丝居多。因为最简单的制作才能突出腊乳猪的特点和风味，如果加入太多的调味料就会影响腊乳猪的特质。东陂腊乳猪除了远赴连州购买外，在番禺市桥清河腊味档有售。而品尝个中滋味的话，请移玉步到位于新广从公路的“竹庄酒家”即可领略东陂腊乳猪的“味”力。

菜谱

腊乳猪蒸萝卜丝

萝卜切丝铺在碟上，然后将腊乳猪斩件，再均匀铺在萝卜丝上，放入锅蒸熟即可。

奇品腊味鸭脚包

讲起“包”，大家可能即时就会联想起面食类的食品，诸如面包、菠萝包、麦包之类的好食之包。但鸭脚包与面粉所蒸制的“包”并无关系，所谓的鸭脚包是采用鸭脚、鸭心、鸭肝、肥肉腊制而成的“奇异”腊味品种。

前些日子公干于从化吕田，见到一些民居屋檐吊着一串串的类似鱼钩的腊制品，于是乎停车走近看个究竟。还没有接近实物，一阵阵腊味特有的香味飘然而至，走近看清楚原来是一圈鸭肠包着鸭脚，还夹有些肥肉。屋主见我们走近腊味棚，就向我们推销自家的腊脚，正确的称呼应为“鸭脚包”。鸭脚包的组成原料并无特别之处，而不同之处就是将鸭的不同部位组合在一起成为一道美味的食材。鸭脚包是选用当地村民自养麻鸭的鸭脚，在鸭的内掌加上一块肥肉，当然有些人对肥肉不受落的话，亦可换成瘦肉，个中搭配最为经典的就是中间必须加一个鸭心，再将鸭肝、肥肉用自身的鸭肠一圈一圈地包扎起来便成为鸭脚包的半制成品，然后放在竹网中风晒。当然村民非常聪明，鸭子宰杀之后，除了鸭体腊板鸭之外，连鸭翼都不放过，亦都与鸭脚包一样腊制出非常野味的腊制品。由于所有的鸭脚包都是传统制作因而都没有防腐剂或者色素。为了使鸭脚包保存的时间能够更加长，因而腌制鸭脚包的盐就会多些，而肥肉的处理，事先用白砂糖腌制好，才一起包扎，其他材料则用自酿的“头酒”腌制，鸭肠则先用粗盐拌匀，再用清水清洗干净，去除异味，放入筲箕中沥干水，鸭肝、鸭心洗净后，加入新鲜的姜汁腌制，使得鸭身的膻味得以彻底去除，用姜汁腌过的“肝”腊成成品甘香无比，各种材料腌足时间后，用鸭肠把它们扎紧，并将收口结紧。不会松散，全部包扎完毕后，以细绳串起，每只间距约15厘米，然后悬挂吹晒。晒量大的则加入防蝇网，以保证鸭脚包的卫生。晒鸭脚包都几讲心思的，除了留意天气外，还要定时定候“转身”，以保证晒出的鸭脚包受晒阳光的均匀，而晚上则放在屋檐下或竹篷下。由于当地天气日夜温差比较大，因而对鸭脚包的保鲜带来一定的帮助，太阳公公俾面的话，一星期就可以有成品品尝，但阴天的话会长些时间。

据村民讲，鸭脚包因制作考究，携带方便，易于保存，富有特色，历来都是探访亲友的至佳“手信”，价格稍稍会贵些。有好的食材那当然离不开好的搭配，用鸭脚包与萝卜一齐煲或炆，简直就是绝配。因为秋冬正是萝卜收成的季节，而它水分充足，那鸭脚包更是“有型有味”，用猛火煲20分钟左右，除了闻到阵阵的香味外，那煲中汤色更浓中带白，可汤可菜。假若饮杯小酒的话，鸭脚包可以放少许姜丝蒸熟配酒，个中滋味无法用言语形容，识食之人怎会放过这样的佳肴呢？

菜谱

1. 腊鸭脚包煲萝卜

萝卜切块洗净，加入适量的水，与腊鸭脚包猛火煲20分钟左右。

2. 姜丝蒸腊鸭脚包

洗净后，放少许姜丝于面上同蒸即可。

山塘家猪腊味香

山塘镇位于清新县南部，因境内河涌纵横，有众多山冈和池塘而得其名，是清远主要的粮产区，自古以来就有“清远粮仓”之称。拥有百年历史的山塘黄东腊味以其独特的口感而远近闻名，方圆十里村镇都说山塘腊味独好。山塘镇与连州东陂镇一样，几乎家家户户都有自制腊味食用的传统。百多年的工艺传承使山塘腊味不断改良、完善，自成一家。吃过山塘腊味的人都会惊讶于它独特的风味。在计划经济的年代里，山塘腊味已成为国家上调入京的著名“农副产品”。

山塘黄东腊味能得到人们的喜爱，除了它的质地、色香、味道甚得称赞外，与它的历史渊源、工艺考究、制作传统也有着莫大的关系。大约是清末民初，山塘镇及至清西平原区，已是较为富足的“鱼米之乡”，养殖牲畜家禽较为普遍。再加上平原区域阳光充足，日暖风和，制作的腊味便成为每家每户为备年节及来年开春之食用。久而久之，每年秋冬时节，稍稍有些劳力充足的人家，屋前屋后的竹竿上，皆挂着一列列金黄油润的腊肉、腊鸭、腊肠之类的腊味。

随着社会的发展，不少地方的腊味都转而采用机械化生产来提高产量，但难能可贵的是，山塘黄东腊味的生产一直坚持作坊式手工制作，从肉料的选择，到腌制、起挂等流程，以及自然风干、晾晒等工序，故而它才成为一种民间工艺技术，才成为一种不可多得的民间美食。笔者寻访多时才从一位姓黄的老师傅口中得知其制作方法的个中奥妙之处。要制作出有山塘风味的腊肉，关键一环便是选料——猪肉要本地产的农家猪，猪只要75～100千克左右的，猪肉新鲜，肉质上乘，取其花腩，肥瘦相间，分布均匀。将其切成片状，并用绳子串串绑之。取老盐、白糖、酱油、曲酒按比例调味，倒入大盆内和匀，把猪肉依次放入盆内浸过，再将猪肉腌上半日，才用酱油上色（当然白腊肉就不用上色，而保留原色），便可晾晒了。晾晒的过程也自有讲究：先用防蝇纱围成一个“晒棚”防止苍蝇及杂物的污染，每片腊肉之间要有一定的间隔，否则不利于肉内水分蒸发；而且每隔一段时间要翻转腊肉以使之受光均匀；白天曝晒，晚上放在阴凉处避免受潮雾侵袭。晾晒5～7日，腊肉干至六七成，即可。

山塘镇与其他腊味产地不同，黄东腊味并不自诩本地气候如何适宜制作腊肉，风大、日照充足即可。他们强调的是肉质，坚持选好料，做传统的腊肉。

诚然，山塘黄东腊味的食用方法有多种，最基本的就是蒸、炒、焗这三种方法。清蒸，最能保持腊肉的原汁原味；炒，可配以时蔬果豆，甚至腊味炒饭，也是一番美味的品尝；焗，孩童时最为喜爱，当那份腊味的清香渗入白米饭里，就变成了小朋友们“邻居饭焦香”的诱惑。

每逢秋冬时节，大多人家或食肆的餐桌上，都会摆上一道金黄油亮的腊味菜式，满桌飘香，那份“流口水”般的食欲大增，自然而然地一筷子夹上一件便往嘴巴里塞去。入口清香、咀嚼回甘，哪管油腻，吃了再说。

好的腊肉受产量所限，价格亦都不一般，售价每500克35元，想要一尝个中滋味，在清新县山塘镇，有一家叫“黄东美食楼”即可见其庐山真面目。

①

菜谱

1. 清蒸山塘黄东腊肉

将腊肉切片均匀铺在碟上蒸熟即可。

②

2. 腊味焗饭

将腊味洗净、切好备用。米洗净，用适量的花生油、盐拌匀，放入砂锅内，加入适量的水，将米煮至收水时，放入备好的腊味，焗熟，加入花生油、酱油拌匀便成。

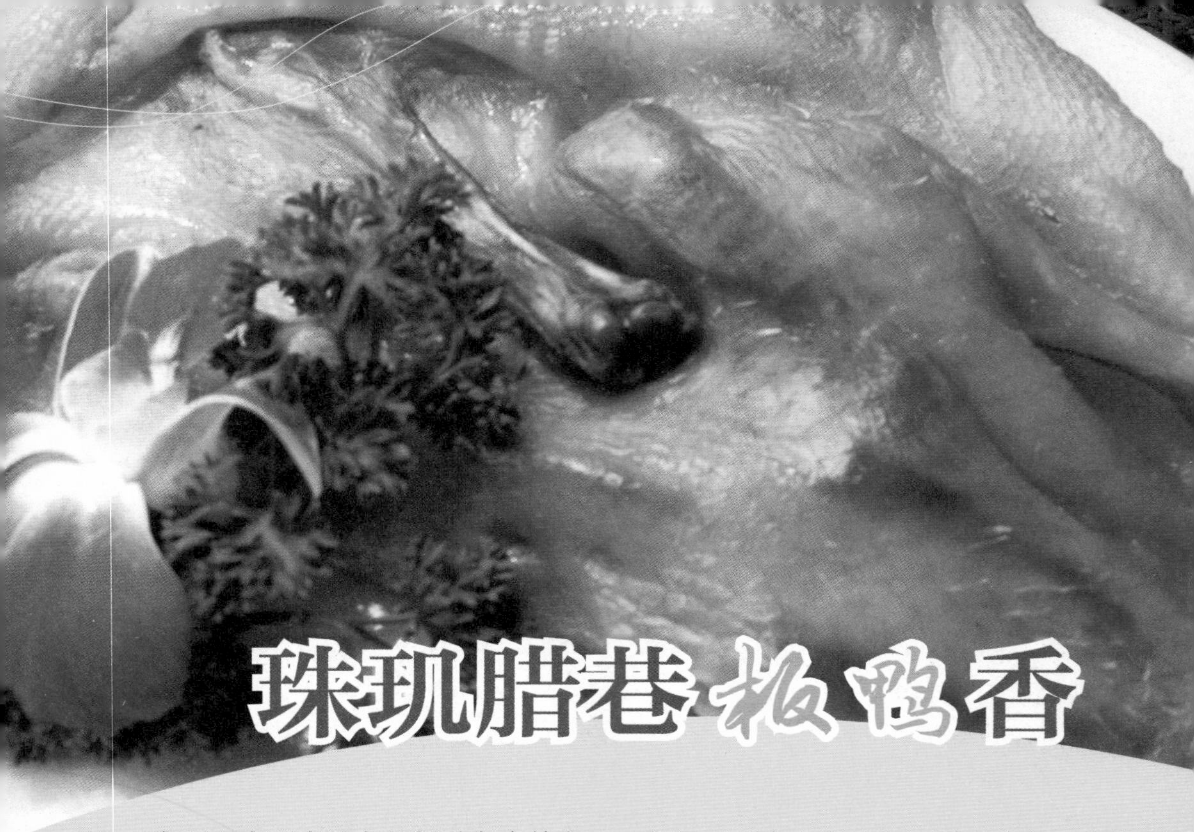

珠玑腊巷板鸭香

市面上有两大地方的板鸭各有特色，一如江西“南安板鸭”，再有广东“南雄板鸭”。过往品尝的都是“南安板鸭”居多，而两者有什么不同呢？南雄素有制作板鸭的传统习惯，讲起“南雄板鸭”，据闻已经有千年的历史，当地称其为“曝腌”。它外型美观、颜色金黄、香气浓郁、油尾丰满、皮薄肉嫩、肉红味鲜、骨脆可嚼。与之相比，“南安板鸭”又被称为“泡腌”，外开则桃圆形，皮色奶白。“南雄板鸭”又以珠玑巷腊巷的板鸭最为出名。腊巷是珠玑巷中的行业作坊街巷之一，以精制腊味而闻名遐迩。旧时，腊巷居民以制作腊味为业，尤以腊鸭享有盛名，因此每年都有不少食客及餐饮商家前来采购。

“南雄板鸭”好味是毋庸置疑的，那究竟为什么“南雄板鸭”会这么好味？一是制作的鸭子品质好，属于麻鸭类，而南雄当地水塘众多，很适合饲养鸭子，这里饲养的鸭子皮薄肉厚，味道奇美。二是其地处粤北山区，昼夜温差大以及霜冻等因素，使得“南雄板鸭”有特殊的香味。在秋冬北风呼呼刮来时，家家户户都忙着晒板鸭。

据闻板鸭的制作其实也很传统，先选鸭，愈肥愈好，最好是未下过蛋或未换过毛的嫩鸭。然后把鸭子拔毛弄干净后，剖开去内脏，用盐及香料腌一个晚上，并摊开摆在竹垫上，鸭子上加适当的重物压住。到了第二天，把成型的板鸭用干净布擦去附着在板鸭上的杂物，再用“头酒”涂在板鸭上，这样可增加板鸭的香味，处理好后就可以拿去晒太阳了，如果晚上让其在室外“打霜”，则其味更佳，吃起来连骨头都是香酥的。晒至水分干到一定程度，再挂在屋檐下风干。天气好的话，一个星期左右，那散发着浓浓香味的板鸭就算大功告成了。当地村民有个不成文的习惯，就是将做好的板鸭用干稻草储藏起来，想什么时候吃就什么时候吃，或蒸或炒，悉听尊便，即便储藏到第二年的开春也照样诱人口水，市场售价约每千克100～120元。当然板鸭除了整只之外，还有腊鸭肠，腊鸭脚翼，腊“符翅”（即鸭肾），而据之前所了解到的，“南安板鸭”在腌制好之后须逐只滴去盐水，放入40℃左右的温水中，漂洗2～3次，才送到绷板上，这时鸭体温较高，鸭体柔软容易造型，最后就拿到阳光下去晒干，晒干需时5～7天。由于制作方法的不同，致使做出来的两种板鸭各具风味。

好的食材加之好的烹制方法能做出令人垂涎欲滴的佳肴，想吃得香口些的，用微波炉设置烧烤功能，而鸭切成小块，先放在电饭锅蒸熟，然后放进微波炉烤至五到七成干即可，只见其颜色金黄，香味四溢，用以配酒，简直一绝。好吃的方法还有很多，如一道“煎鲫鱼腊鸭颈粉葛煲”更是“野”味之极，既有鲫鱼的鲜味，又有腊鸭的香味融入粉葛，美味无法形容。又或者“腊鸭蒸冬瓜干”，既有香味又不肥腻，因为腊鸭的精华融入冬瓜干里，食饭饮酒两相宜。

俗话说“一方水土养一方人”，每个地域因其独特的环境，孕育出不同特色的食材，正如“南雄板鸭”一样，它独特的风味令众多食客为之倾慕，实乃食客之福，让我们在金秋时节一同品尝这美味的“南雄板鸭”！

菜谱

1. 煎鲫鱼腊鸭萝卜煲

原料：萝卜、腊鸭肶、鲫鱼。

①洗净鲫鱼后，烧红锅将涂了盐花的鲫鱼煎至金黄色。

②萝卜切成榄核状。

③洗净腊鸭肶斩件。

④烧开水后将腊鸭肶“飞水”，便于去除异味。

⑤烧红煲，并落姜片、鸭肶一齐爆香。

⑥用筷子将鸭肶不断翻动，然后溅入料酒。

⑦将煎好的鲫鱼一同加入。

⑧加入清水至盖过鱼身。

⑨煲滚后把切好的萝卜一同加入。

⑩原煲文火煲约10分钟。

①

②

2. 腊鸭蒸冬瓜干

冬瓜干切片垫底，腊鸭斩件铺在冬瓜干上一同蒸。